数控车铣加工实操教程（中级）

武汉华中数控股份有限公司　组编

主　编　许孔联　赵建林　刘怀兰

副主编　聂艳平　孙中柏　张李铁　陈瑞兵　杨　铨

参　编　裘旭东　黄　丽　谭赞武　金文彬　骆书芳　王玉方

主　审　张伦玠　禹　诚

机械工业出版社

本书以《数控车铣加工职业技能等级标准》（中级）为依据，紧扣标准考核大纲，以中级实操考核三个不同类型的项目为基础，基于数控车铣加工工作过程，围绕数控领域职业岗位群及岗位能力编写。

本书详细介绍了传动轴与轴承座的车铣加工、连接轴与法兰的车铣加工、轴套与底板的车铣加工三个项目。各项目详细描述了零件图的识读、加工工艺文件的识读、环境与设备的选择、零件建模、数控加工工序卡的编制、CAM编程及后处理、零件加工、零件自测、装配、场地复位等过程。

本书兼顾了 NX、Mastercam、CAXA 制造工程师等 CAD/CAM 软件，各项目分别以一款软件为主，并配套其他两种软件的电子资源，供读者参考。

本书可作为 1+X 证书制度试点工作中数控车铣加工职业技能等级证书的教学和培训教材，也可作为数控加工领域工程技术人员的参考书。

图书在版编目（CIP）数据

数控车铣加工实操教程：中级／武汉华中数控股份有限公司组编；许孔联，赵建林，刘怀兰主编. — 北京：机械工业出版社，2021.8（2023.1重印）
1+X 职业技能等级证书（数控车铣加工）系列教材
ISBN 978-7-111-69029-0

Ⅰ.①数… Ⅱ.①武… ②许… ③赵… ④刘… Ⅲ.① 数控机床-车床-加工工艺-职业技能-鉴定-教材 ②数控机床-铣床-加工工艺-职业技能-鉴定-教材 Ⅳ.①TG519.1 ② TG547

中国版本图书馆 CIP 数据核字（2021）第 172360 号

机械工业出版社（北京市百万庄大街22号　邮政编码100037）
策划编辑：汪光灿　　　责任编辑：汪光灿　黎　艳　赵文婕
责任校对：郑　婕　　　封面设计：鞠　杨
责任印制：常天培
天津嘉恒印务有限公司印刷

2023 年 1 月第 1 版·第 3 次印刷
284mm×210mm·17.5 印张·411 千字
标准书号：ISBN 978-7-111-69029-0
定价：66.00 元

电话服务　　　　　　　　　　网络服务
客服电话：010-88361066　　机　工　官　网：www.cmpbook.com
　　　　　010-88379833　　机　工　官　博：weibo.com/cmp1952
　　　　　010-68326294　　金　书　网：www.golden-book.com
封底无防伪标均为盗版　　机工教育服务网：www.cmpedu.com

1+X 职业技能等级证书(数控车铣加工)系列教材

编审委员会 (排名不分先后)

1+X职业技能等级证书(数控车铣加工)系列教材

编写委员会 (排名不分先后)

总　编　刘怀兰

副总编　李　强　　许孔联　　王　骏　　周远成　　唐立平　　谭赞武　　卓良福　　聂艳平　　裴江红　　欧阳陵江
　　　　　孙海亮　　周　理　　宁　柯　　熊艳华　　金　磊　　汪光灿

委　员　王　佳　　谭大庆　　王振宇　　伍贤洪　　何延钢　　张　鑫　　史家迎　　毕亚峰　　罗建新　　刘卫东
　　　　　蔡文川　　赵建林　　周世权　　张李铁　　陈瑞兵　　杨　铨　　裘旭东　　黄　丽　　廖璘志　　宋艳丽
　　　　　张飞鹏　　黄力刚　　戴护民　　梁　庆　　徐　亮　　周　奎　　林秀朋　　韩　力　　金文彬　　骆书芳
　　　　　王玉方　　张　剑　　肖林伟　　朱　雷　　孙中柏　　阎辰浩　　王宝刚　　车明浪　　段睿斌　　史立峰
　　　　　杨开怀　　冯　娟　　唐满宾　　姚　钢　　董海涛　　范友雄　　谭福波　　吴志光　　杨　林　　杨珍明
　　　　　谢海东　　张　勇　　高亚非　　董　延　　张　虎　　刘　玲　　欧阳波仪　马延斌　　高淑娟　　王翠凤
　　　　　余永盛　　齐　壮　　马慧斌　　朱卫峰　　卢洪胜　　喻志刚　　陆忠华　　魏昌洲　　徐　新　　程　坤
　　　　　黄志辉　　曹旺萍　　杨　飞　　孙晓霞　　赵青青　　李银标　　闫国成　　裴兴林　　刘　琦　　孙晶海
　　　　　张小丽　　郭文星　　李跃中　　石　磊　　吴　爽　　张文灼　　张李铁

1 + X 职业技能等级证书(数控车铣加工)系列教材

联合建设单位 (排名不分先后)

无锡职业技术学院	池州职业技术学院
湖南网络工程职业学院	河北机电职业技术学院
湖南工业职业技术学院	宁夏工商职业技术学院
机械工业出版社	山西机电职业技术学院
武汉第二轻工学校	黑龙江职业技术学院
宝安职业技术学校	沈阳职业技术学院
武汉职业技术学院	集美工业学校
陕西工业职业技术学院	武汉高德信息产业有限公司
南宁职业技术学院	高等教育出版社
长春机械工业学校	武汉重型机床集团有限公司
吉林工业职业技术学院	中国航发南方工业有限公司
河南工业职业技术学院	中航航空高科技股份有限公司
黑龙江农业工程职业学院	湖北三江航天红阳机电有限公司
内蒙古机电职业技术学院	中国船舶重工集团公司第七一二研究所
重庆工业职业技术学院	吉林省吉通机械制造有限责任公司
湖南汽车工程职业学院	中国航天科工集团公司三院一五九厂
河南职业技术学院	湖北三江航天红峰控制有限公司
九江职业技术学院	宝鸡机床集团有限公司

序

为进一步深化产教融合，国务院在发布的《国家职业教育改革实施方案》中明确提出：在职业院校、应用型本科高校启动"学历证书＋若干职业技能等级证书"制度试点工作。方案中明确了开展深度产教融合、"双元"育人的具体指导政策与要求，其中，1＋X证书制度是统筹考虑、全盘谋划职业教育发展，推动企业深度参与协同育人和深化复合型技术技能人才培养培训而做出的重大制度设计。

武汉华中数控股份有限公司是国产装备制造业龙头企业和第三批《数控车铣加工职业技能等级证书》和《多轴数控加工职业技能等级证书》培训评价组织，为了高质量实施数控1＋X方向职业技能等级证书制度试点工作，应广大院校要求，公司组织无锡职业技术学院、湖南网络工程职业学院和湖南工业职业技术学院等多所院校和企业共同编写了本系列教材。

本书是1＋X职业技能等级证书（数控车铣加工）系列教程，是根据教育部数控技能型紧缺人才培养培训方案的指导思想及数控车铣加工职业技能等级证书标准要求，结合当前数控技术的发展及学生的认知规律编写而成的。书中围绕数控车铣加工职业技能等级证书考核题目的基础案例，以及数控车铣综合加工工艺为高端案例进行了分析，本书采用了典型工作任务的教学方法，采用国内通用的CAD/CAM软件，由浅入深地介绍数控车铣综合加工的数控加工工艺、编程方法和加工技巧，使学习者更好地掌握理解零件工程图，读懂和设计工艺文件，编制数控加工程序，最终完成复杂零件数控加工的全过程。

本系列教材适用于参与数控车铣加工1＋X证书制度试点的中职，高职，职教本科、应用型本科高校和本科层次职业教育试点院校中装备制造大类相关专业的教学和培训；同时也适用于企业职工和社会人员的培训与认证等。

通过这套系列教材中的实际案例和翔实的工艺分析可以看出，编者们为此付出了辛勤的劳动。我相信这套系列教材的出版一定能给准备参加数控车铣加工1＋X证书考试的学习者带来收获。同时，也相信这套系列教材可以在数控技能培训与教学，以及高技能人才培养中发挥出更好的作用。

第41届至第45届世界技能大赛
数控车项目中国技术指导专家组组长

2021年5月

前　言

随着自动化、数字化、网络化、智能化技术的快速发展及广泛应用，制造业的人才需求发生了很大变化，即由某一个领域单一技术的技能人才转变为"通才＋专才"复合类型的技术技能人才。为进一步落实党的十九大提出的深化产教融合的重大任务，国务院发布的《国家职业教育改革实施方案》中明确提出在职业院校、应用型本科高校启动"学历证书＋若干职业技能等级证书"制度试点工作，明确了开展深度产教融合、"双元"育人的具体指导政策与要求，其中1＋X证书制度是统筹考虑，全盘谋划职业教育发展，推动企业深度参与协同育人和深化复合型技术技能人才培养培训而做出的重大制度设计。

本书是1＋X职业技能等级证书（数控车铣加工）系列教材之一，是根据教育部数控技能型紧缺人才培养培训方案的指导思想及数控车铣加工职业技能等级证书标准要求，结合当前数控技术的发展及教学规律编写而成的。本系列教材以数控车铣加工职业技能等级证书考核样题为基础，选用国内多种通用的CAD/CAM软件，从数控车和数控铣产品加工的典型任务入手，通过理解工程图样及工艺文件，编制零件的数控加工工艺和加工程序，特别是针对数控车铣综合加工工艺进行案例分析，使学习者能掌握数控机床加工编程、完成定位及联动加工、检测并控制产品的加工精度、对数控机床的精度进行检验及排除数控机床的一般故障等技能。

武汉华中数控股份有限公司是第三批入选国家"数控车铣加工职业技能等级证书"和"多轴数控加工职业技能等级证书"两项证书制度试点工作的职业教育培训评价组织，也是国家装备制造业龙头企业，公司以数控系统技术为核心，以智能制造、数控机床和工业机器人为三个主营业务方向，实施"一核三翼"发展战略。依据新时代背景下"人口红利"转向"工程师红利"的创新人才培养方式的阶梯型变化，对接现代职业教育体系和职业标准，公司以"综合加工＋高端加工"技术为主线，组织开发"数控车铣加工职业技能等级证书"和"多轴数控加工职业技能等级证书"标准，支持建立和实施"学历＋专业能力"证书制度，进而完善职业教育专业人才培养培训体系，提升专业技能人才的就业竞争力，满足产业对数控领域复合型技术技能人才的需求，助推制造业转型升级。

为了高质量实施数控专业1＋X职业技能等级证书制度试点工作，应广大院校要求，武汉华中数控股份有限公司组织无锡职业技术学院、湖南网络工程职业学院、湖南工业职业技术学院等职业院校共同编写了本系列教材。

本书以行业实际需求为基础，对高端装备制造和通用机械制造领域内的各类企业的应用技术人才需求做了深入调研分析，以常规数控机床为装备，以工作任务为载体，以技能提升为核心，系统介绍了数控机床基本操作、工艺规划、数控编程、仿真实训、联动加工、质量控制及维护保养等应用技能，以项目方式对典型零件的编程与加工做了详细而具体的讲解，使学习者能在完成案例任务的过程中，掌握数控领域的基础知识和拓展能力，并能完成岗位所需技能的培训要求。

本书在编写过程中得到了相关行业、院校和企业人员的大力支持，在此一并表示感谢。

本书若有不足之处，欢迎广大读者提出宝贵意见。

编　者

二维码索引

目　录

项目1　传动轴与轴承座的车铣加工

项目2　连接轴与法兰的车铣加工

项目 1

传动轴与轴承座的车铣加工

1.1 项目导读

1.1.1 项目描述

长沙某精密制造厂接到某电机的轴承座与传动轴零件各500件的订单,交货期为一个月。装配图如图 1 - 1 所示。传动轴零件图、加工技术要求如图 1 - 2 所示。轴承座零件图、加工技术要求如图 1 - 3 所示。该厂工程师根据现有的条件已经对其进行数控加工工艺设计、生产任务分工和进度安排。

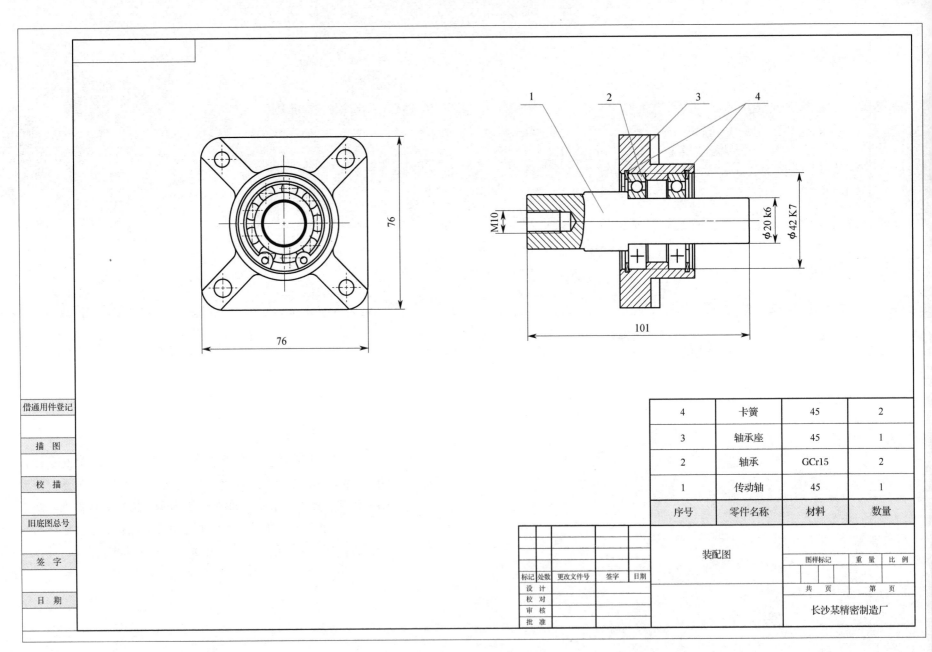

4	卡簧	45	2
3	轴承座	45	1
2	轴承	GCr15	2
1	传动轴	45	1
序号	零件名称	材料	数量

装配图

长沙某精密制造厂

图1-1　装配图

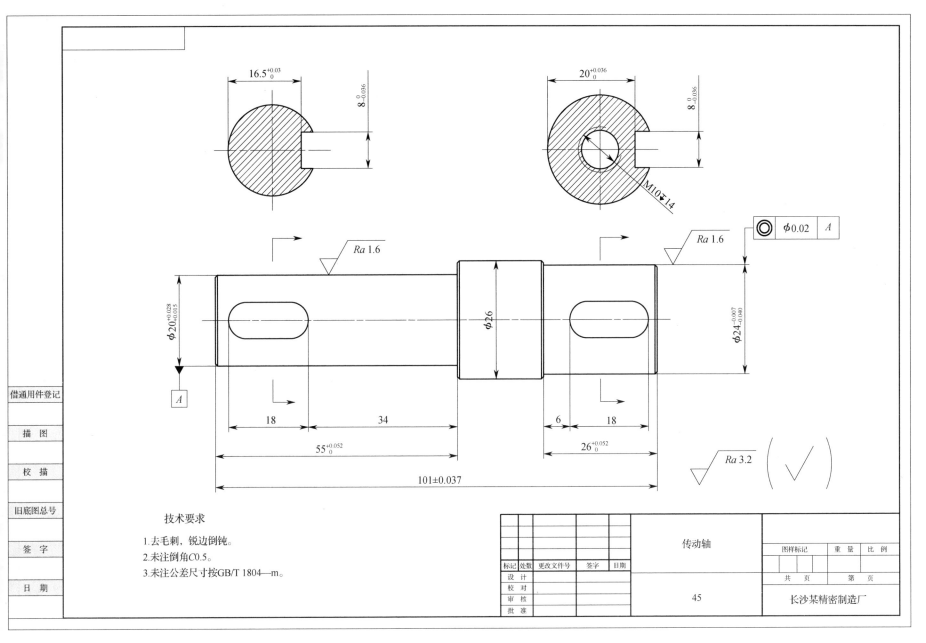

图1-2　传动轴零件图

技术要求

1. 去毛刺，锐边倒钝。
2. 未注倒角C0.5。
3. 未注公差尺寸按GB/T 1804—m。

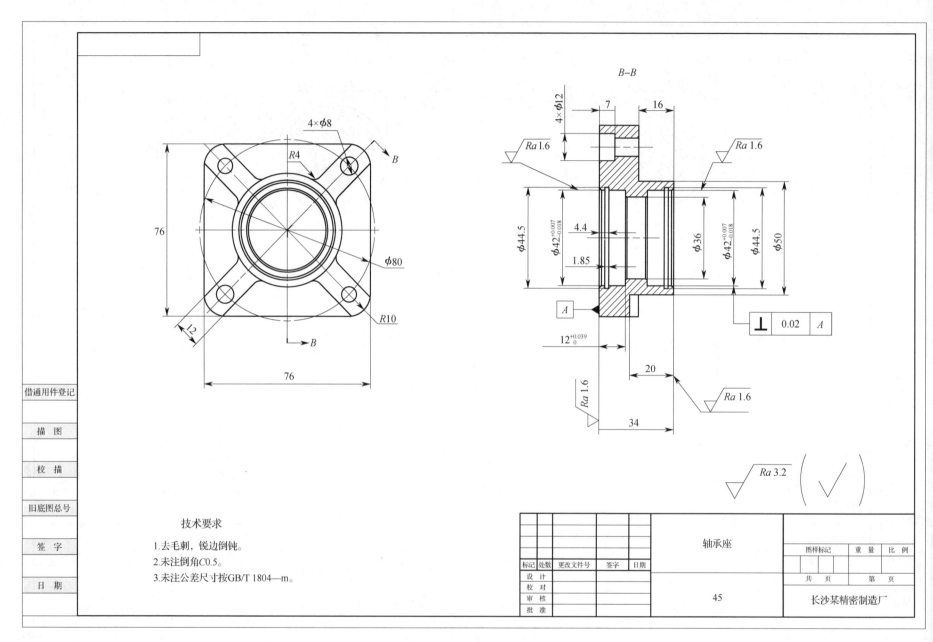

技术要求

1.去毛刺，锐边倒钝。
2.未注倒角C0.5。
3.未注公差尺寸按GB/T 1804—m。

标记	处数	更改文件号	签字	日期	轴承座			
设　计						图样标记	重　量	比　例
校　对								
审　核				45		共　页	第　页	
批　准					长沙某精密制造厂			

图1-3　轴承座零件图

1.1.2 企业工程师分析

该厂聘请全国劳动模范、全国技术能手罗军为本批产品工艺工程师，为生产做指导。经罗军分析，图1-1～图1-3所示装配图、传动轴零件图、轴承座零件图中各几何元素之间关系明确，尺寸标注完整、正确，加工精度能达到设计精度要求，无须再与甲方进行沟通更改。轴承座与传动轴通过轴承进行装配，轴承座$\phi 42^{+0.007}_{-0.018}$mm轴承孔尺寸公差等级为IT7、表面粗糙度值为$Ra1.6\mu m$、孔的轴线与底面的垂直度公差为0.02mm，传动轴$\phi 20^{+0.028}_{+0.015}$mm轴颈尺寸公差等级为IT6、表面粗糙度值为$Ra1.6\mu m$、$\phi 24^{-0.007}_{-0.040}$mm外圆与$\phi 20^{+0.028}_{+0.015}$mm轴颈同轴度公差为$\phi 0.02$mm，要求较高，加工也较难。为保证上述加工精度，轴承座的底面、$\phi 42^{+0.007}_{-0.018}$mm轴承孔与$\phi 36$mm内孔一次装夹加工完成，传动轴$\phi 26$mm外圆加工好之后调头加工$\phi 20^{+0.028}_{+0.015}$mm轴颈，必须用百分表校准保证同轴度要求。本次订单产品的数量为500件，生产类型为中批生产。根据本厂现有条件，加工所选用的机床设备、工量夹具、刀具见表1-1、传动轴机械加工工艺路线见表1-2、轴承座机械加工工艺路线见表1-3，轴承座零件预计单件加工时间为40min，传动轴预计单件加工时间为30min，一天可完成23套，能在交货期内完成生产。生产小组分工及工作进度见表1-4。

表1-1 机床设备、工量夹具、刀具清单

序号	名称	规格及型号	数量
1	三轴加工中心	VMC850	2
2	数控车床	CAK6140	2
3	自定心卡盘	气动 $\phi 250$mm	2
4	平口钳	5in 精密角固定式	2
5	游标卡尺	0～200mm	2
6	外径千分尺	0～25mm、25～50mm、50～70mm、70～100mm	各2

（续）

序号	名称	规格及型号	数量
7	内径千分尺	5～25mm、25～50mm	各2
8	深度千分尺	0～25mm	各2
9	车刀	外圆车刀、镗刀、内槽车刀、内螺纹车刀	各2
10	铣刀	$\phi 10$mm、$\phi 8$mm 立铣刀，$\phi 3$mm 中心钻，$\phi 8$mm 麻花钻	各2

表1-2 传动轴机械加工工艺路线

工序号	工序内容	定位基准
10	粗、精车右端面	毛坯左端面、外圆
20	粗、精车右端外圆	毛坯左端面、外圆
30	调头粗、精车左端面	右端面、$\phi 24^{-0.007}_{-0.04}$mm 外圆
40	粗、精车左端外圆	右端面、$\phi 24^{-0.007}_{-0.04}$mm 外圆
50	粗、精铣键槽	$\phi 20^{+0.028}_{+0.015}$mm ～ $\phi 24^{-0.007}_{-0.04}$mm 轴心线

表1-3 轴承座机械加工工艺路线

工序号	工序内容	定位基准
10	粗、精铣下表面	毛坯上表面
20	粗、精铣下表面各特征	毛坯上表面
30	钻、扩、镗 $\phi 36$mm、$\phi 42^{+0.007}_{-0.018}$mm 内孔	毛坯上表面
40	铣 $\phi 44.5$mm 卡簧槽	毛坯上表面
50	钻 $4 \times \phi 12$mm、$4 \times \phi 8$mm 孔	毛坯上表面
60	粗、精铣上表面	下表面
70	粗、精铣上表面各凸台特征	下表面
80	钻、扩、镗 $\phi 42^{+0.007}_{-0.018}$mm 内孔	下表面
90	铣 $\phi 44.5$mm 卡簧槽	毛坯上表面

表 1-4　生产小组分工及工作进度

岗位	姓名	岗位任务	工作进度
生产组长	张宏	（1）根据生产计划进行生产，保质保量完成生产任务，提升品质和合格率，降低物料损耗，提高效率，达到客户要求 （2）现场管理，维护车间秩序及各项规章制度，推进5S进程 （3）生产过程出现异常应及时向上级领导反馈并处理	全面调度，在计划时间内完成交货
数控工艺编程员	王咏君	（1）负责数控加工工艺文件的编制 （2）负责数控设备程序的编制及调试 （3）负责汇总数控机床加工的各种工艺文件和切削参数 （4）负责生产所需物资的申报及汇总	首日完成工艺制订与编程及首件生产，根据加工情况及时优化
机床操作员	李晓恬	（1）负责按工艺文件要求操作数控铣床，完成零件铣削工序 （2）按品质管理的检测频度对产品进行质量检验 （3）调整、控制铣削加工部分的产品质量	每日完成20套
质量检测员	彭柏涛	（1）负责按产品的技术要求对产品质量进行检验并入库 （2）提出品质管理的建议和意见 （3）说明产品生产中质量控制点和经常出现的质量问题	早上首检、按时完成批量检测

1.2　项目转化

1.2.1　任务描述

项目任务根据《数控车铣加工职业技能等级标准》中级考核要求和长沙某精密制造厂接到某减速箱的轴承座与传动轴零件的功能与特征，进行考题转化，对应的工作任务和职业技能要求考核点见表1-5，考核图样如图1-4～图1-6所示。根据考试现场操作的方式，完成以下考核任务。详细考核任务书见附录B。

传动轴与轴承座车铣加工任务描述

表 1-5　工作任务和职业技能要求考核点

工作领域	工作任务	主要职业技能要求
1. 数控编程	（1）编制车铣配合件加工工艺文件 （2）车削件数控编程 （3）铣削件数控编程	（1）编制数控加工工序卡、数控加工刀具卡、数控加工程序单 （2）编制凸台、型腔、钻孔、铰孔、镗孔、攻螺纹数控铣削程序 （3）编制外圆、内孔、内螺纹、内槽数控车削程序
2. 数控加工	（1）车铣配合件加工准备 （2）车铣配合件加工 （3）零件加工精度检测与装配	（1）完成凸台、型腔、钻孔、铰孔、镗孔、攻螺纹数控铣削加工 （2）完成外圆、内孔、内螺纹、内槽数控车削加工 （3）完成零件精度检测与装配
3. 数控机床维护	数控机床故障处理	根据数控系统的提示，使用相应的工具和方法，解决数控车床润滑油油面高度过低、气压不足、软限位超程、电柜门未关、刀库与刀架电动机过载等一般故障

1. 职业素养（8分）

2. 根据机械加工工艺过程卡完成指定零件的数控加工工序卡、数控加工刀具卡、数控加工程序单的填写。（12分）

3. 零件编程及加工（80分）

1）按照任务书要求，完成零件的加工（70分）。

2）根据自检表完成零件的部分尺寸自检（5分）。

3）按照任务书完成零件的装配（5分）。

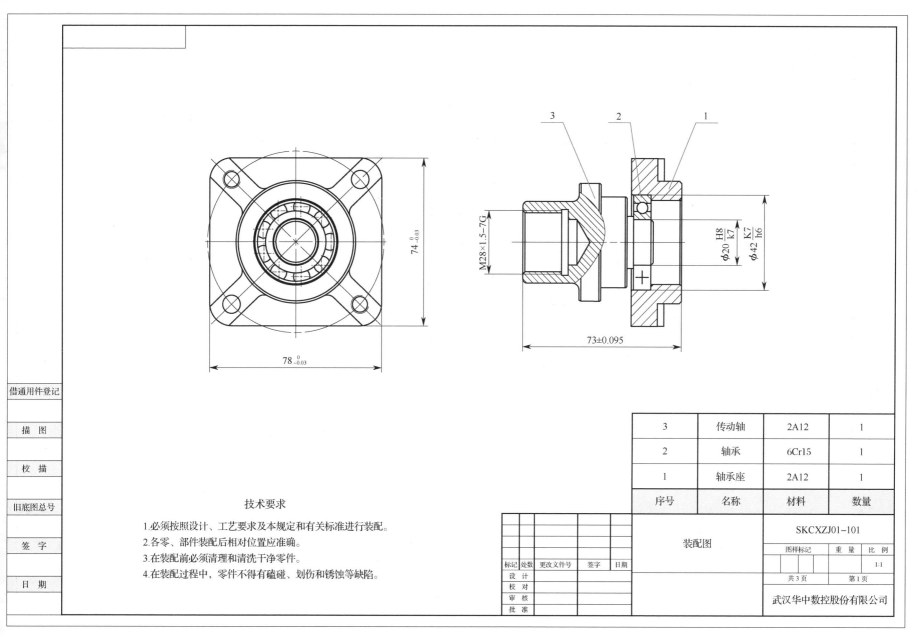

3	传动轴	2A12	1
2	轴承	6Cr15	1
1	轴承座	2A12	1
序号	名称	材料	数量

技术要求

1. 必须按照设计、工艺要求及本规定和有关标准进行装配。
2. 各零、部件装配后相对位置应准确。
3. 在装配前必须清理和清洗干净零件。
4. 在装配过程中，零件不得有磕碰、划伤和锈蚀等缺陷。

装配图　　SKCXZJ01-101

共3页　　第1页

武汉华中数控股份有限公司

借通用件登记
描　图
校　描
旧底图总号
签　字
日　期

标记　处数　更改文件号　签字　日期
设　计
校　对
审　核
批　准

图样标记　重量　比例　1:1

图 1-4　装配图

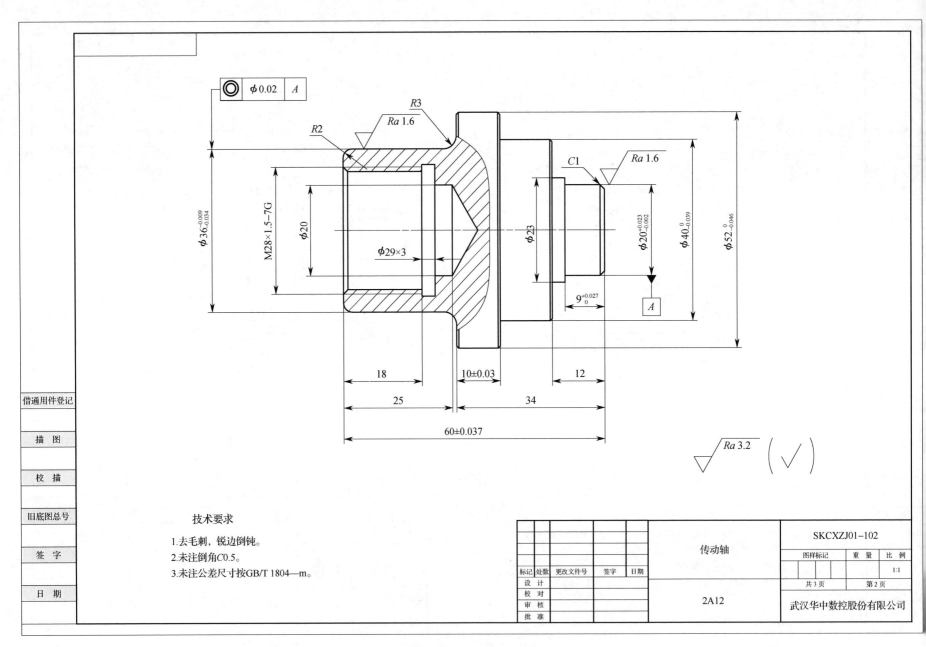

技术要求

1. 去毛刺，锐边倒钝。
2. 未注倒角C0.5。
3. 未注公差尺寸按GB/T 1804—m。

					传动轴	SKCXZJ01-102		
						图样标记	重量	比例
标记	处数	更改文件号	签字	日期				1:1
设 计						共3页	第2页	
校 对					2A12			
审 核						武汉华中数控股份有限公司		
批 准								

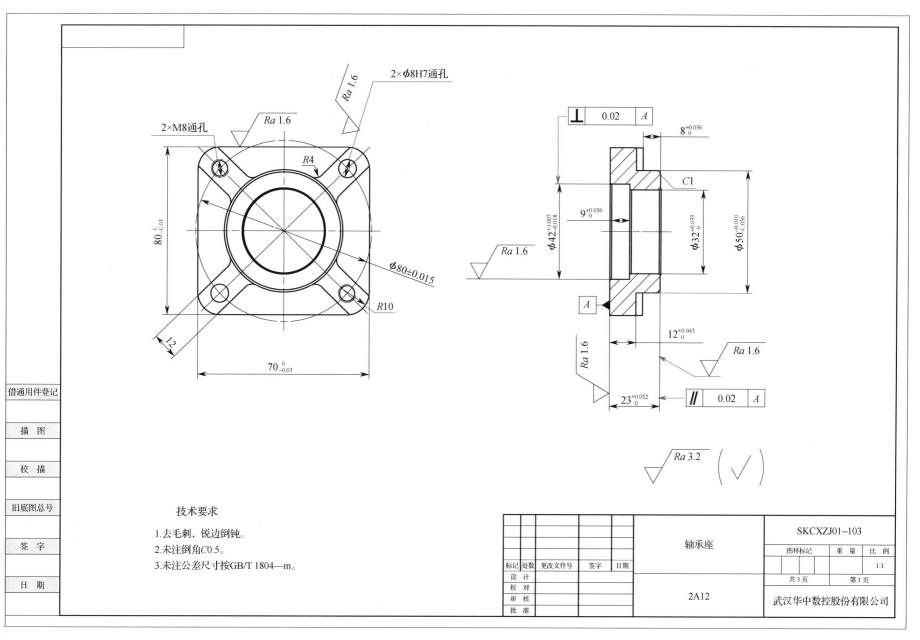

图1-6　轴承座零件图

技术要求

1.去毛刺，锐边倒钝。

2.未注倒角C0.5。

3.未注公差尺寸按GB/T 1804—m。

标记	处数	更改文件号	签字	日期	轴承座		SKCXZJ01-103		
							图样标记	重量	比例
设 计									1:1
校 对							共3页	第3页	
审 核					2A12		武汉华中数控股份有限公司		
批 准									

1.2.2 任务流程图

任务流程图如图 1-7 所示

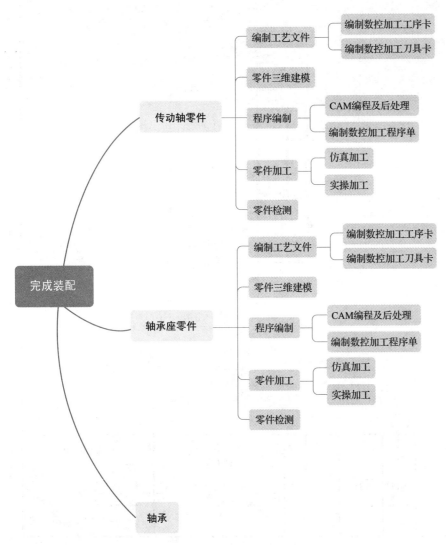

图 1-7 任务流程图

1.3.1 零件图识读

如图 1-5 所示，传动轴零件表面主要由外圆、内孔、内螺纹、退刀槽等构成，外圆轮廓由直线和圆弧组成，各几何元素之间关系明确，尺寸标注完整、正确。其中 $\phi 20^{+0.023}_{-0.002}$mm 外圆与 $\phi 36^{-0.009}_{-0.034}$mm 外圆的尺寸公差等级为 IT7，表面粗糙度值为 $Ra1.6\mu$m，要求较高；$\phi 52^{0}_{-0.046}$mm 外圆与 $\phi 40^{0}_{-0.039}$mm 外圆的尺寸公差等级为 IT8，表面粗糙度值为 $Ra3.2\mu$m，要求也较高；左端 $\phi 36^{-0.009}_{-0.034}$mm 外圆对右端 $\phi 20^{+0.023}_{-0.002}$mm 外圆（基准 A）有同轴度（$\phi 0.02$mm）要求。零件材料为 2A12，切削加工性能较好，无热处理要求。

如图 1-6 所示，轴承座零件表面主要由平面、凸台、孔等构成，凸台轮廓由直线和圆弧组成，各几何元素之间关系明确，尺寸标注完整、正确。其中 $\phi 42^{+0.007}_{-0.018}$mm 内孔和 $80^{0}_{-0.03}$mm、$70^{0}_{-0.03}$mm 的尺寸公差等级为 IT7，表面粗糙度值为 $Ra1.6\mu$m，要求较高；$\phi 50^{-0.010}_{-0.056}$mm 外圆、$\phi 32^{+0.039}_{0}$mm 内孔的尺寸公差等级为 IT8，表面粗糙度值为 $Ra3.2\mu$m，要求也较高；$\phi 42^{+0.007}_{-0.018}$mm 孔轴线对底面（基准 A）有垂直度要求。零件材料为 2A12，切削加工性能较好，无热处理要求。

请根据上述零件图分析，填写表 1-6、表 1-7。

表 1-6 传动轴零件图分析

项目	项目内容
零件名称	传动轴
零件材料	2A12
加工数量	1
重要尺寸公差	$\phi 20^{+0.023}_{-0.002}$mm 外圆、$\phi 36^{-0.009}_{-0.034}$mm 外圆
重要尺寸几何公差	$\phi 20^{+0.023}_{-0.002}$mm 外圆与 $\phi 36^{-0.009}_{-0.034}$mm 外圆同轴度公差 $\phi 0.02$mm
重要表面粗糙度值	$\phi 20^{+0.023}_{-0.002}$mm 外圆表面、$\phi 36^{-0.009}_{-0.034}$mm 外圆表面
零件加工难点	$\phi 20^{+0.023}_{-0.002}$mm 外圆、$\phi 36^{-0.009}_{-0.034}$mm 外圆、M28×1.5-7G

表1-7 轴承座零件图分析

项目	项目内容
零件名称	轴承座
零件材料	2A12
加工数量	1
重要尺寸公差	$\phi 42^{+0.007}_{-0.018}$ mm 内孔、$\phi 32^{+0.039}_{0}$ mm 内孔
重要尺寸几何公差	$\phi 42^{+0.007}_{-0.018}$ mm 与基准面 A 的垂直度 0.02mm
重要表面粗糙度	基准面 A、$\phi 42^{+0.007}_{-0.018}$ mm 内孔表面、$\phi 32^{+0.039}_{0}$ mm 内孔表面
零件加工难点	$\phi 42^{+0.007}_{-0.018}$ mm 内孔、$\phi 32^{+0.039}_{0}$ mm 内孔，$\phi 42^{+0.007}_{-0.018}$ mm 与基准面 A 的垂直度公差 0.02mm

1.3.2 加工工艺文件识读

根据附录 B 考核任务书提供的传动轴机械加工工艺过程卡（见表1-8），可得知先车零件的右端，再车零件的左端，分为粗车和精车。同时，从传动轴零件图中可得知 $\phi 20^{+0.023}_{-0.002}$ mm 外圆为设计基准，表面粗糙度值为 $Ra1.6\mu m$；$\phi 36^{-0.009}_{-0.034}$ mm 外圆与 $\phi 20^{+0.023}_{-0.002}$ mm 外圆有同轴度 $\phi 0.02mm$ 要求，表面粗糙度值为 $Ra1.6\mu m$。

由此可得出，传动轴机械加工工艺过程卡是按照基准先行、先粗后精、先主后次的原则制订的。

表1-8 传动轴机械加工工艺过程卡

零件名称	传动轴	机械加工工艺过程卡	毛坯种类	棒料	共1页
			材料	2A12	第1页
工序号	工序名称	工序内容		设备	工艺装备
10	备料	备料 $\phi 55mm \times 65mm$，材料为 2A12			
20	数控车削	车右端端面，粗、精车右端 $\phi 20^{+0.023}_{-0.002}$ mm、$\phi 23mm$、$\phi 40^{0}_{-0.039}$ mm、$\phi 52^{0}_{-0.046}$ mm 外圆至图样要求并倒角		CAK6140	自定心卡盘
30	数控车削	车左端端面，保证总长 $60 \pm 0.037mm$，粗、精车左端 $\phi 36^{-0.009}_{-0.034}$ mm 外圆、$R2mm$ 圆角，钻 $\phi 20mm$ 底孔，车 $\phi 29mm \times 3mm$ 退刀槽，车 $M28 \times 1.5 - 7G$ 内螺纹至图样要求并倒角		CAK6140	自定心卡盘
40	钳工	锐边倒钝，去毛刺		钳台	台虎钳
50	清洁	用清洁剂清洗零件			
60	检验	按图样尺寸检测			
编制		日期	审核		日期

根据附录 B 考核任务书提供的轴承座机械加工工艺过程卡（见表 1-9），可得知先加工零件的底面，再加工零件的正面，粗、精加工分开。同时，从轴承座零件图中可以看出底面为设计基准，表面粗糙度值为 $Ra1.6\mu m$；$\phi42^{+0.007}_{-0.018}mm$ 的孔与底面有垂直度要求（0.02mm），表面粗糙度值为 $Ra1.6\mu m$。

由此可得出，轴承座机械加工工艺过程卡是按照先面后孔、先粗后精、先主后次的加工顺序，选用粗铣、精铣的加工方式，先铣削加工底面，底面加工好之后选用粗铣、精铣（或精镗）的加工方式加工 $\phi42^{+0.007}_{-0.018}mm$ 孔，然后粗铣、精铣其轮廓；底面加工完成后以此面为基准加工其余轮廓。先加工上平面，并在一次装夹中同时完成台阶面及其轮廓和各孔的粗、精加工，保证轮廓、孔和上平面的位置要求。

表 1-9 轴承座机械加工工艺过程卡

零件名称	轴承座	机械加工工艺过程卡		毛坯种类	方料	共 1 页
				材料	2A12	第 1 页
工序号	工序名称	工序内容			设 备	工艺装备
10	备料	备料 85mm × 75mm × 25mm，材料为 A12 铝				
20	数铣	粗、精铣底面平面，80mm × 70mm × 14mm 的外形，$\phi42^{+0.007}_{-0.018}mm$、$\phi32^{+0.039}_{0}mm$ 内孔，钻 2 × $\phi8H7$ 孔至图样要求，攻 2 × M8 螺纹孔并倒角			VMC850	机用平口钳
30	数铣	粗、精铣正面平面、$\phi50^{-0.010}_{-0.056}mm$ 的圆台、12mm 宽斜十字至图样要求并倒角			VMC850	机用平口钳
40	钳工	锐边倒钝，去毛刺			钳台	台虎钳
50	清洁	用清洁剂清洁零件				
60	检验	按图样尺寸检测				
编制		日期		审核	日期	

1.3.3 环境与设备

实施本项目所需的设备、辅助工量器具见表 1-10。

表 1-10 设备、辅助工量器具

序号	名称	简图	型号/规格	数量	序号	名称	简图	型号/规格	数量
1	加工中心		机床行程：X850mm、Y550mm、Z500mm；最高转速：8000r/min；系统：华中 818D	1	2	数控车床		机床行程：X280mm；Z750mm；最大回转直径：500mm；系统：HNC-818A	1

序号	名称	简图	型号/规格	数量	序号	名称	简图	型号/规格	数量
3	自定心卡盘		TZ－250	1	7	游标深度尺		0.01mm	1
4	机用平口钳		TZ－250	1	8	百分表与表座		0.01mm	1套
5	游标卡尺		0～25mm、25～50mm、50～75mm、75～100mm	各1	9	回转顶尖			1
6	千分尺		0.02mm	1	10	钻夹头			1

1. 安全文明生产

数控车床安全文明生产和操作规程、数控铣床安全文明生产和操作规程见附录C，表1-11列举了常见的安全文明生产的正确操作方式、禁止与违规行为。

表1-11 安全文明生产的正确操作方式、禁止与违规行为

序号	正确操作方式	禁止与违规行为	序号	正确操作方式	禁止与违规行为
1	操作时须穿好工作服、安全鞋，戴好工作帽及防护镜	禁止穿拖鞋进入车间、戴手套操作机床	3	开机后低速预热机床2~3min	
			4	检查润滑系统，并及时加注润滑油	
			5	将调整刀具、夹具所用的工具放回工具箱	将调整刀具、夹具所用的工具遗忘在机床内
2	机床周围无其他物件，操作空间足够大	机床周围放置障碍物	6	机床启动前，必须关好机床防护门	机床运行时，打开机床防护门
			7	车床运转中，操作者不得离开岗位	车床运转中，操作者编程
			8	禁止用手或其他任何方式接触正在旋转的主轴、工件或其他运动部位	
			9	铁屑必须要用铁钩子或毛刷来清理	用手接触刀尖和铁屑
			10	关机时，依次关闭机床操作面板上的电源和总电源	直接关闭总电源

2. 机床准备

1）根据数控机床日常维护手册，使用相应的工具和方法，对机床外接电源、气源进行检查，并根据异常情况，及时通知专业维修人员检修。

2）根据数控机床日常维护手册，使用相应的工具和方法，对液压、润滑系统、冷却系统等油液进行检查，并完成油液的正确加注。

3）根据数控机床日常维护手册，使用相应的工具和方法，对机床主轴上的刀具装夹系统进行检查，并根据异常情况，及时通知专业维修人员检修。

4）根据加工装夹要求，使用相应的工具和方法，对工件装夹进行检查，完成调整或重新装夹。

5）根据数控机床日常维护手册，使用相应的工具和方法，完成加工前机床防护门窗、拉板、行程开关等的检查，如有异常情况，及时通知专业维修人员检修。

6）根据数控机床日常维护手册，机床开始工作前要有预热，每次开机应低速运行3~5min，查看各部分运转是否正常。机床运行应遵循先低速、中速，再高速的原则，其中低速、中速运行时间不得少于3min。当确定无异常情况后，方可开始工作。

3. 刀具准备

1）按照数控加工刀具卡准备刀具及刀柄，如图1-8和图1-9所示。

2）检查刀具及切削刃是否磨损及损坏并进行清洁。

3）检查刀柄、卡簧是否损坏并清洁，确保能与刀具、机床准确装配。

4）根据现场位置把刀具摆放整齐。

图1-8　数控车削刀具

图1-9　数控铣削刀具

4. 量具准备

1）按照机械加工工艺过程卡准备量具，见表1-12与图1-10。

2）检查量具是否损坏。

3）检查或校准量具零位。

4）根据现场位置将量具摆放整齐。

表 1-12　量具清单

序号	名称	规格	数量
1	钢直尺	0~300mm	1
2	带表游标卡尺	0~150mm	1
3	外径千分尺	0~25mm、25~50mm、50~75mm、75~100mm	各1
4	内径千分尺	5~30mm	1

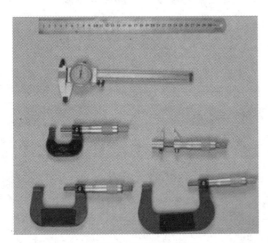

图 1-10　量具

5. 毛坯准备

准备 ϕ55mm×65mm、85mm×75mm×25mm 铝合金（2A12）毛坯各一件。

6. 工具、夹具准备

1）按照机械加工工艺过程卡准备夹具及安装工具，见表 1-13 与图 1-11。

2）检查夹具是否损坏并进行清洁。

表 1-13　工具、夹具清单

序号	名称	规格	数量
1	磁力表座+百分表	万向	1
2	卡盘扳手		1
3	刀架扳手		各1
4	垫片	1mm、2mm、5mm、10mm	若干
5	垫铁		1
6	机用平口钳及附件		1

图 1-11　工具

1.3.4　考核标准与评分标准

1. 职业素养 （评分标准细则）

数控车铣加工职业技能等级标准（中级）评分表——职业素养见表 1-14。

表 1-14　数控车铣加工职业技能等级标准（中级）评分表——职业素养

试题编号			考生代码			配分		8
场次		工位编号		工件编号			成绩小计	
序号	考核项目	评分标准						得分
1	职业素养与操作规程（共8分）	1）按正确的顺序开关机床，关机时铣床工作台、车床刀架停放在正确的位置；0.5 分						
		2）检查与保养机床润滑系统；0.5 分						
		3）正确操作机床及排除机床软故障（机床超程、程序传输、正确启动主轴等）；0.5 分						
		4）正确使用自定心卡盘扳手、加力杆安装车床工件；0.5 分						
		5）清洁铣床工作台与夹具安装面；0.5 分						
		6）正确安装和校准机用平口钳、卡盘等夹具；1 分						
		7）正确安装车床刀具，刀具伸出长度合理，校准中心高，禁止使用加力杆；0.5 分						
		8）正确安装铣床刀具，刀具伸出长度合理，清洁刀具与主轴的接触面；1 分						
		9）合理使用辅助工具（寻边器、分中棒、百分表、对刀仪、量块等）完成工作坐标系的设置；0.5 分						
		10）工具、量具、刀具按规定位置正确摆放；0.5 分						
		11）按要求穿戴安全防护用品（工作服、防砸鞋、护目镜）；1 分						
		12）完成加工之后，清扫机床及周边；0.5 分						
		13）机床开机和完成加工后按要求对机床进行检查并做好记录；0.5 分						
								扣分
2	文明生产（5分，此项为扣分，扣完为止）	1）机床加工过程中工件掉落；1 分						
		2）加工中不关闭安全门；1 分						
		3）刀具非正常损坏；每次 0.5 分						
		4）发生轻微机床碰撞事故；2.5 分						
		5）如发生重大事故（人身和设备安全事故等）、严重违反工艺原则和情节严重的野蛮操作、违反考场纪律等由考评员决定扣分多少						
		合计						

考评员签字：　　　　　　　考生签字：

2. 工艺文件

数控车铣加工职业技能等级标准（中级）评分表——工艺文件见表 1-15。

表 1-15　数控车铣加工职业技能等级标准（中级）评分表——工艺文件

试题编号			考生代码			配分		12
场次			工位编号		工件编号		成绩小计	
序号	考核项目	评分标准						得分
1	数控加工工序卡（6分）	1）工序卡表头信息；1分						
		2）根据机械加工工艺过程卡编制工序卡工步，缺一个工步扣0.5分；共2.5分						
		3）工序卡工步切削参数合理，一项不合理扣0.5分；共2.5分						
2	数控加工刀具卡（3分）	1）数控加工刀具卡表头信息；0.5分						
		2）每个工步刀具参数合理，一项不合理扣0.5分；共2.5分						
3	数控加工程序单（3分）	1）数控加工程序单表头信息；0.5分						
		2）每个程序对应的内容正确，一项不合理扣0.5分；共2分						
		3）装夹示意图及安装说明；0.5分						
合计								

考评员签字：　　　　　　审核：

3. 零件加工质量（评分标准细则）

数控车铣加工职业技能等级标准（中级）评分表——传动轴零件见表 1-16。

表 1-16 数控车铣加工职业技能等级标准（中级）评分表——传动轴零件

试题编号				考生代码				配分	36	
场次			工位编号			工件编号		成绩小计		
序号	配分	尺寸类型	公称尺寸	上极限偏差/mm	下极限偏差/mm	上极限尺寸/mm	下极限尺寸/mm	实际尺寸	得分	备注
A-主要尺寸										
1	3	ϕ	52mm	0	-0.046	52	51.954			
2	3	ϕ	40mm	0	-0.039	40	39.961			
3	8	ϕ	20mm	0.023	-0.002	20.023	19.998			
4	2	ϕ	36mm	-0.009	-0.034	33.991	33.966			
5	1.5	ϕ	28mm	0.2	-0.2	28.2	27.8			
6	0.5	ϕ	20mm	0.2	-0.2	20.2	19.8			
7	2	L	60mm	0.037	-0.037	60.037	59.967			
8	1	L	30mm	0.033	0	30.033	30			
9	1	L	20mm	0.033	0	20.033	20			
10	1	L	9mm	0.027	0	9.027	9			
11	1	L	34mm	0.1	-0.1	34.1	33.9			
12	0.5	L	25mm	0.2	-0.2	25.2	24.8			
13	0.5	L	18mm	0.2	-0.2	18.2	17.8			
14	1	R	2mm	0	0	2	2			
15	4	螺纹	M30X2-6g							
B-几何公差										
1	2	同轴度	ϕ0.02mm	0	0.00	0.02	0.00			
C-表面粗糙度										
1	2	表面质量	Ra1.6 μm	0	0	1.6	0			
2	2	表面质量	Ra3.2 μm	0	0	3.2	0			
总计										
考评员签字										

数控车铣加工职业技能等级标准（中级）评分表——轴承座零件见表1-17。

表1-17　数控车铣加工职业技能等级标准（中级）评分表——轴承座零件

试题编号				考生代码				配分		39	
场次			工位编号			工件编号		成绩小计			
序号	配分	尺寸类型	公称尺寸	上极限偏差/mm	下极限偏差/mm	上极限尺寸/mm	下极限尺寸/mm	实际尺寸	得分	备注	
A-主要尺寸											
1	3	ϕ	42mm	0.007	-0.018	42.007	41.982				
2	2	ϕ	32mm	0.039	0	32.039	32				
3	2	ϕ	50mm	-0.010	-0.056	49.99	49.944				
4	2	L	80mm	0	-0.03	80	79.97				
5	2	L	70mm	0	-0.03	70	69.97				
6	2	L	12mm	-0.006	-0.033	11.994	11.967				
7	2	L	23mm	0	-0.03	23	22.97				
8	2	L	12mm	0.043	0	12.043	12				
9	2	L	9mm	0.036	0	9.036	9				
10	2	L	8mm	0.036	0	8.036	8				
11	2	螺纹	M8	0	0	8	8				
12	2	ϕ	8mm	0.2	-0.2	8.2	7.8				
13	2	R	4mm	0.5	-0.5	4.5	3.5				
B-几何公差											
1	2	垂直度	0.02mm	0	0.00	0.02	0.00				
C-表面粗糙度											
1	5	表面质量	Ra1.6mm	0	0	1.6	0				
2	2	表面质量	Ra3.2mm	0	0	3.2	0				
D-装配											
1	4	装配									
总计											
考评员签字											

数控车铣加工职业技能等级标准（中级）评分表——零件自检见表1–18。

表1–18　数控车铣加工职业技能等级标准（中级）评分表——零件自检

试题编号				考生代码			配分	5
场次			工位编号		工件编号		成绩小计	
序号	零件名称	测量项目	配分	评分标准			得分	备注
1	车削零件	尺寸测量	1.5	每错一处扣0.5分，扣完为止				
		项目判定	0.3	全部正确得分				
		结论判定	0.3	判断正确得分				
		处理意见	0.4	处理正确得分				
2	铣削零件	尺寸测量	1.5	每错一处扣0.5分，扣完为止				
		项目判定	0.3	全部正确得分				
		结论判定	0.3	判断正确得分				
		处理意见	0.4	处理正确得分				
总计								

考评员签字：

项目1　项目2　项目3　附录

1.4 项目实施

1.4.1 传动轴的车削加工

1. 传动轴的三维建模

1）新建模型文件，绘制轮廓，步骤如图 1-12 所示。

2）使用旋转工具，按图 1-13 所示步骤进行操作，完成旋转实体。

3）使用孔工具绘制 φ20mm 孔，步骤如图 1-14 所示。

传动轴的三维建模

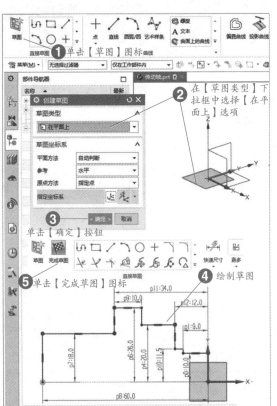

图 1-12 绘制轮廓

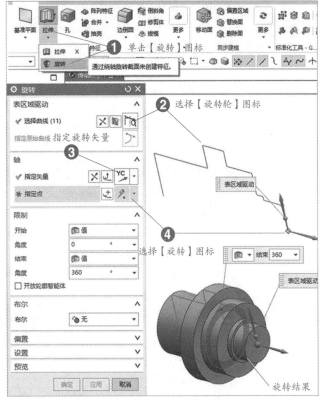

图 1-13 旋转实体

图 1-14 绘制 φ20mm 孔

4）绘制 M28×1.5-7G 内螺纹，步骤如图 1-15 所示。

5）绘制 ϕ29mm×3mm 内槽，步骤如图 1-16 所示。

6）倒角、倒圆角，步骤如图 1-17 所示。

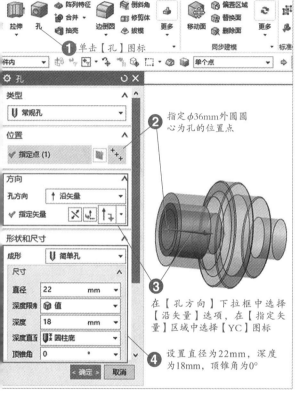

图 1-15　绘制 M28×1.5-7G 内螺纹

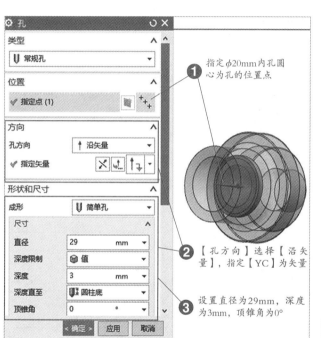

图 1-16　绘制 ϕ29mm×3mm 内槽

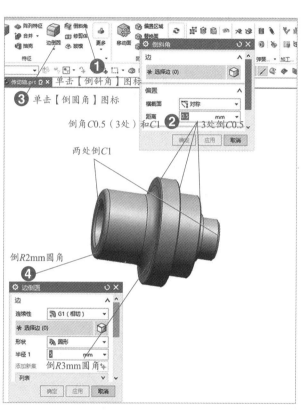

图 1-17　倒角、倒圆角

2. 加工工艺路线安排

按照基面先行、先面后孔、先粗后精、先主后次的加工顺序安排原则制订加工工艺路线。

数控铣削加工工序的划分原则：

1）按零件的装夹定位方式划分工序。

2）按粗、精加工分开的原则划分工序。

3）按所用刀具划分工序。

根据零件的特点，按照加工工艺的安排原则，加工工艺路线安排见表1-19。

表1-19 加工工艺路线安排

序号	工步名称	图示	序号	工步名称	图示
1	车右端端面	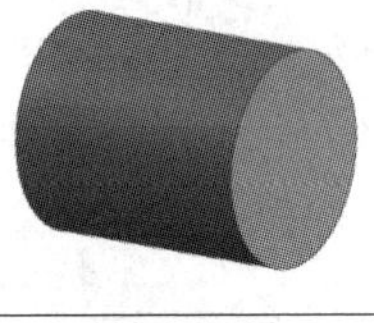	6	粗车左端外圆	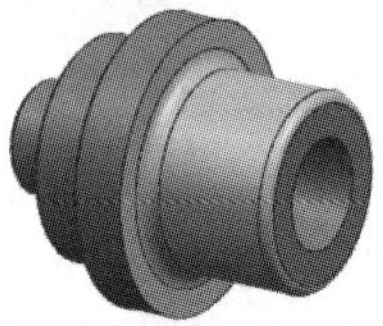
2	粗车右端外圆		7	精车左端外圆	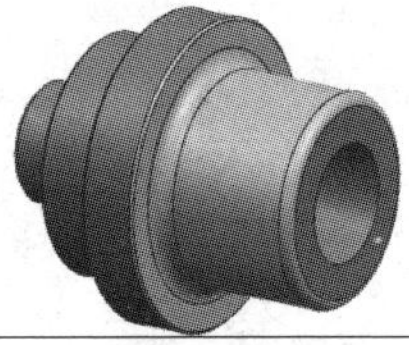
3	精车右端外圆		8	车左端螺纹底孔	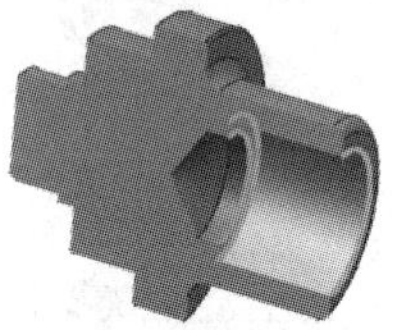
4	车左端端面	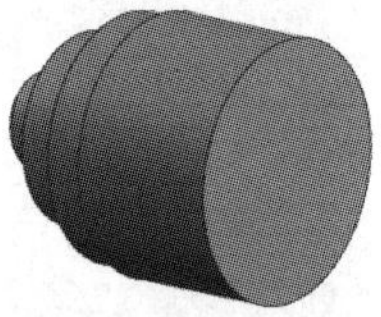	9	车左端螺纹退刀槽	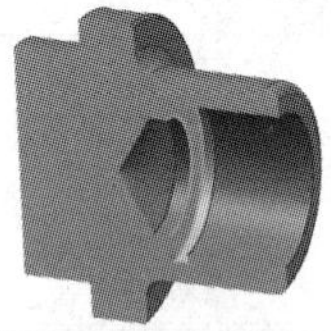
5	手动钻 $\phi20$mm 孔	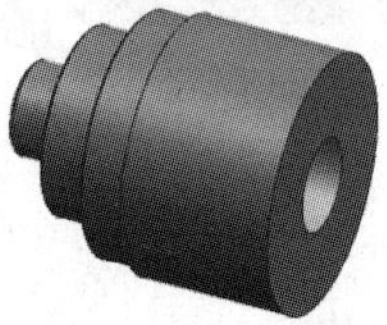	10	车左端螺纹	

3. 工步的划分原则

工步的划分主要从加工精度和生产效率两方面来考虑。

1）同一表面按粗加工、半精加工、精加工依次完成，或全部加工表面按先粗后精划分工步。

2）对于既有铣削平面又有镗孔加工的表面，可按先铣削平面后镗孔进行。

3）按刀具划分工步。

根据上述原则，传动轴 20 工序的工步，可划分为车端面→手动钻孔→粗车外圆→精车外圆→镗螺纹底孔→车螺纹退刀槽→车螺纹。

4. 加工余量、工序尺寸和公差的确定

加工余量是指在加工中被切去的金属层厚度。加工余量的大小对于零件的加工质量、生产效率和生产成本均有较大的影响。加工余量过大，不仅会增加机械加工的劳动量，降低生产效率，而且会增加材料、工具和电力的消耗，使加工成本增加。但是加工余量过小又不能保证消除上道工序的各种误差和表面缺陷，甚至产生废品。因此，应当合理地确定加工余量。

加工余量的确定方法有：

1）分析计算法。根据对影响加工余量的各项因素进行分析，通过计算来确定加工余量。

2）查表法。根据有关手册提供的加工余量数据，再结合本厂生产实际情况加以修正后确定加工余量。这是各工厂广泛采用的方法。

3）经验估计法。根据工艺人员本身积累的经验确定加工余量。一般为了防止余量过小而产生废品，所估计的余量总是偏大，常用于单件、小批量生产。

5. 切削用量的确定

确定切削用量的基本原则是首先选取尽可能大的背吃刀量；其次要在机床动力和刚度允许的范围内，同时又满足零件加工精度要求的情况下选择尽可能大的进给量，一般通过查表法、公式计算法和经验值法三种方法相结合确定。

以车传动轴螺纹孔（工序 20 工步 3）为例，通过查《切削用量手册》（见表 1-20），分别确定背吃刀量、切削速度、进给量。

表 1-20　硬质合金外圆车刀切削速度参考值

工件材料	热处理状态	$a_p = 0.3 \sim 2mm$ $f = 0.08 \sim 0.3mm/r$	$a_p = 2 \sim 6mm$ $f = 0.3 \sim 0.6mm/r$	$a_p = 6 \sim 10mm$ $f = 0.6 \sim 1mm/r$
		$v/(m/s)$		
低碳钢 易切钢	热轧	$2.33 \sim 3.0$	$1.67 \sim 2.0$	$1.17 \sim 1.5$
中碳钢	热轧	$2.17 \sim 2.67$	$1.5 \sim 1.83$	$1.0 \sim 1.33$
	调质	$1.67 \sim 2.17$	$1.17 \sim 1.5$	$0.83 \sim 1.17$
合金结构钢	热轧	$1.67 \sim 2.17$	$1.17 \sim 1.5$	$0.83 \sim 1.17$
	调质	$1.33 \sim 1.83$	$0.83 \sim 1.17$	$0.67 \sim 1.0$
工具钢	退火	$1.5 \sim 2.0$	$1.0 \sim 1.33$	$0.83 \sim 1.17$
不锈钢		$1.17 \sim 1.33$	$1.0 \sim 1.17$	$0.83 \sim 1.0$
高锰钢			$0.17 \sim 0.33$	
铜及铜合金		$3.33 \sim 4.17$	$2.0 \sim 0.30$	$1.5 \sim 2.0$
铝及铝合金		$5.1 \sim 10.0$	$3.33 \sim 6.67$	$2.5 \sim 5.0$
铸铝合金		$1.67 \sim 3.0$	$1.33 \sim 2.5$	$1.0 \sim 1.67$

（1）背吃刀量　背吃刀量 a_p 取 1.5mm。

（2）切削速度　切削速度 s 取 110m/min，则

$$n_s = \frac{1000v_c}{\pi d} = \frac{1000 \times 110}{3.14 \times 55} r/min = 613r/min$$

取 $n_s = 600r/min$。

（3）进给量　粗加工进给量 f 取为 0.2mm/r，则 F 取 120mm/min。

6. 编制数控加工工艺文件

1）编制数控加工工序卡。编制数控加工工序卡时，要根据机械加工工艺过程卡填写表头信息，编制工序卡工步，每个工步切削参数要合理，手工绘制工序简图，简图需绘制该工序加工的表面，标注夹紧定位位置。传动轴数控加工工序卡见表 1-21、表 1-22。

表 1-21 传动轴数控加工工序卡（工序 20，此表由考生在实操考核现场填写）

零件名称	传动轴	数控加工工序卡		工序号	20	工序名称	数车	共1页
								第1页
材料	2A12	毛坯规格	$\phi55mm \times 65mm$	机床设备	CAK6140	夹具		自定心卡盘

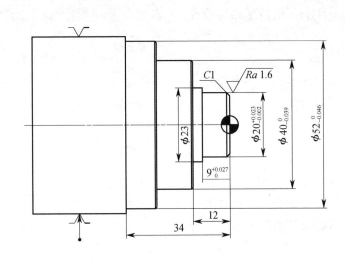

工步号	工步内容	刀具规格	刀具材料	量具	背吃刀量/mm	进给速度 /(mm/min)	主轴转速 /(r/min)
1	将工件用自定心卡盘夹紧，伸出长度约为45mm						
2	车右端端面	95°外圆车刀	硬质合金	游标卡尺	0.5	80	800
3	粗车右端 $\phi20^{+0.023}_{-0.002}$ mm、$\phi40^{0}_{-0.039}$ mm、$\phi52^{0}_{-0.046}$ mm 外圆并倒角，留0.5mm 加工余量	95°外圆车刀	硬质合金	外径千分尺	1.5	120	600
4	精车右端 $\phi20^{+0.023}_{-0.002}$ mm、$\phi40^{0}_{-0.039}$ mm、$\phi52^{0}_{-0.046}$ mm 外圆并倒角至图样要求	95°外圆刀	硬质合金	外径千分尺	0.5	80	800
5	锐边倒钝，去毛刺						
编制		日期		审核			日期

表 1-22　传动轴数控加工工序卡（工序 30，此表由考生在实操考核现场填写）

零件名称	传动轴	数控加工工序卡		工序号	30	工序名称	数车	共 1 页
								第 1 页
材料	2A12	毛坯规格	$\phi55mm \times 65mm$	机床设备	CAK6140	夹具		自定心卡盘

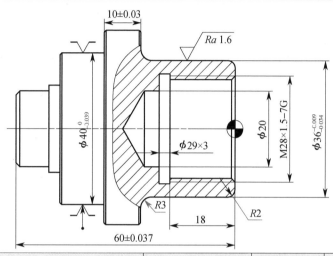

工步号	工步内容	刀具规格	刀具材料	量具	背吃刀量/mm	进给速度/(mm/min)	主轴转速/(r/min)
1	调头装夹工件，夹紧 $\phi40_{-0.039}^{\ 0}$ mm 外圆						
2	用百分表校 $\phi52$mm 外圆圆跳动，使其小于 0.02mm						
3	粗、精车左端端面，保证总长 60 ± 0.037mm	95°外圆车刀	硬质合金	游标卡尺	0.5	80	800
4	手动钻 $\phi20$mm 底孔	$\phi20$mm 麻花钻	高速钢	游标卡尺	10	40	300
5	粗车左端 $\phi36_{-0.034}^{-0.009}$ mm 外圆、R3mm 圆角，留 0.5mm 余量	95°外圆车刀	硬质合金	外径千分尺	1.5	100	600
6	精车左端 $\phi36_{-0.034}^{-0.009}$ mm 外圆、R3mm 圆角至图样要求	95°外圆车刀	硬质合金	外径千分尺	0.5	80	800
7	粗、精车 M28 × 1.5 内螺纹底孔	内孔镗刀	硬质合金	游标卡尺	0.5	80	800
8	车 $\phi29$mm ×3mm 退刀槽	内槽车刀	硬质合金		4	40	400
9	车 M28 × 1.5 内螺纹至图样要求	内螺纹车刀	硬质合金	M28 × 1.5 螺纹塞规			500
10	锐边倒钝，去毛刺						
编制		日期		审核			日期

2）编制数控加工刀具卡。编制数控加工刀具卡时，要根据机械加工工艺过程卡填写表头信息，填写每把刀具的基本信息。传动轴 30 工序数控加工刀具卡见表 1-23。

表 1-23　数控加工刀具卡（工序 30）

零件名称	传动轴		数控加工刀具卡		工序号	30
工序名称	数车		设备名称	数控车床	设备型号	CAK6140
工步号	刀具号	刀具名称	刀杆规格	刀具材料	刀尖半径/mm	备注
3、5、6	T0101	95°外圆车刀	20mm×20mm	硬质合金	0.8	
7	T0202	内孔镗刀	16mm×80mm	硬质合金	0.4	
8	T0303	内槽车刀	16mm×80mm	硬质合金	0.2	
9	T0404	内螺纹车刀	16mm×80mm	硬质合金	0.4	
4		ϕ20mm 麻花钻	ϕ20mm	高速钢	0	
编制		审核		批准		共　页　　第　页

7. 传动轴数控加工程序的编制

（1）传动轴右端加工程序的编制

1）进入车削加工环境，步骤如图1-18所示。

2）设置加工坐标系、设置工件几何体，步骤如图1-19所示。

传动轴右端加工
程序编制仿真

图1-18　车削加工模块

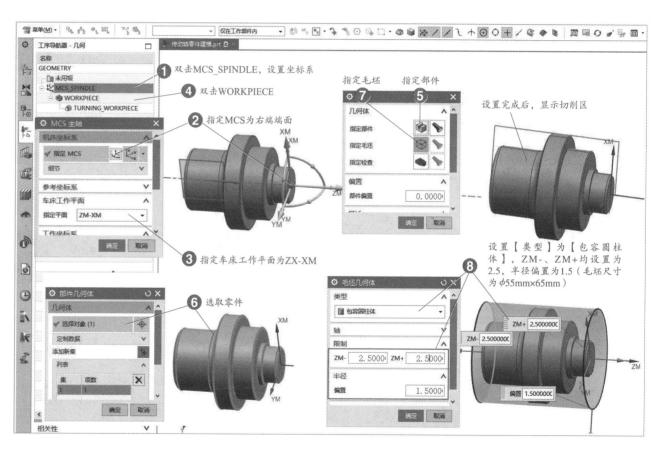

图1-19　设置加工坐标系与设置工件几何体

3）创建避让，步骤如图 1 - 20 所示。

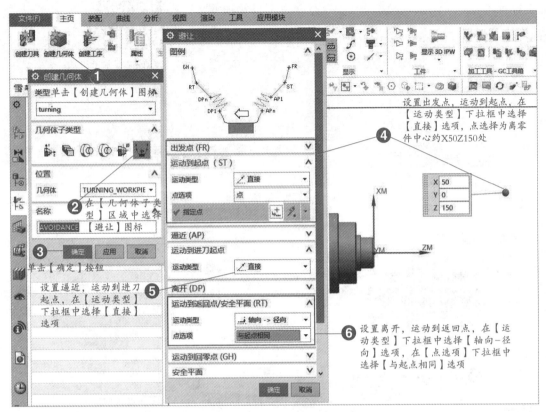

图 1 - 20　创建避让

4）设置粗车方法，步骤如图 1 - 21 所示

图 1 - 21　设置粗车方法

按照粗车方法，设置其他加工方法，参数见表 1 - 24。

表 1 - 24　设置加工方法

序号	方法	名称	进给速度/（mm/min）	余量
1	车端面	LATHE_ AUXILIARY	60	0
2	精车	LATHE_ FINISH	80	0
3	车槽	LATHE_ GROOVE	40	0
4	车螺纹	LATHE_ THREAD	2	0

5）创建刀具，步骤如图1-22所示。根据表1-25创建其他刀具。   6）创建右端面车削程序，步骤如图1-23所示。

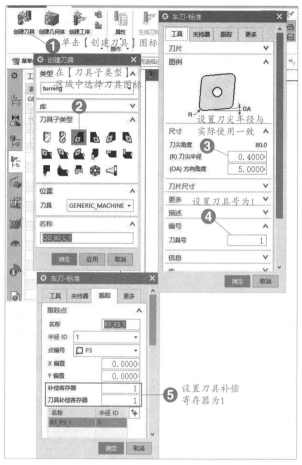

图1-22 创建刀具

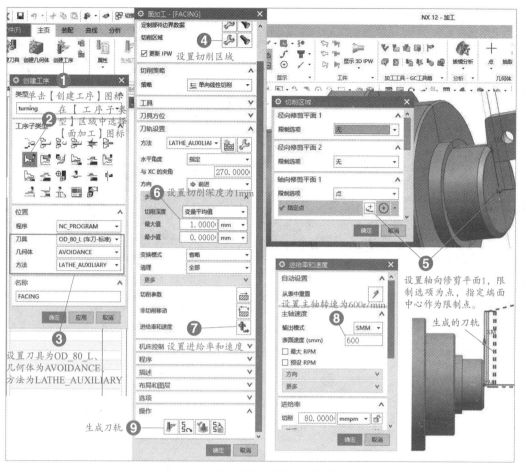

图1-23 创建右端面车削程序

表1-25 刀具参数

序号	名称	类型	刀具号、补偿寄存器	刀尖半径/mm
1	外圆车刀	OD_ 80_ L	1	0.4
2	内孔镗刀	OD_ 80_ L_ 1	2	0.4
3	内槽车刀	ID_ GROOVE_ L	3	0.2
4	内螺纹车刀	ID_ THREAD_ L	4	0.2

7）创建右端粗车程序，步骤如图1-24所示。

8）创建右端精车程序，步骤如1-25所示。

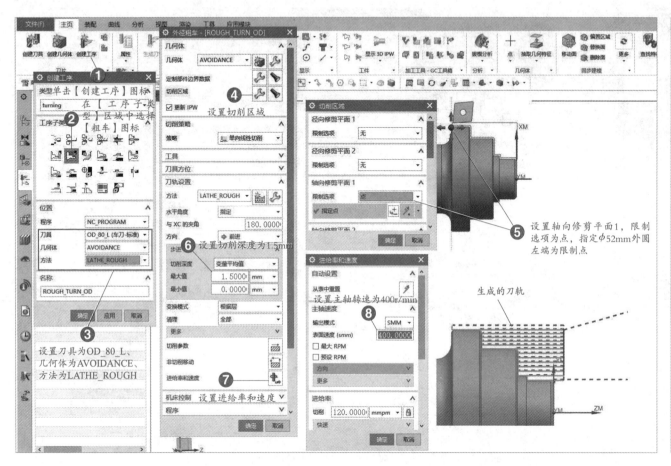

图1-24 创建右端粗车程序

图1-25 创建右端精车程序

（2）传动轴左端加工程序的编制

1）将文件另存为"传动轴左端加工"。

2）设置左端加工坐标系、设置工件几何体，步骤如图 1 - 26 所示。

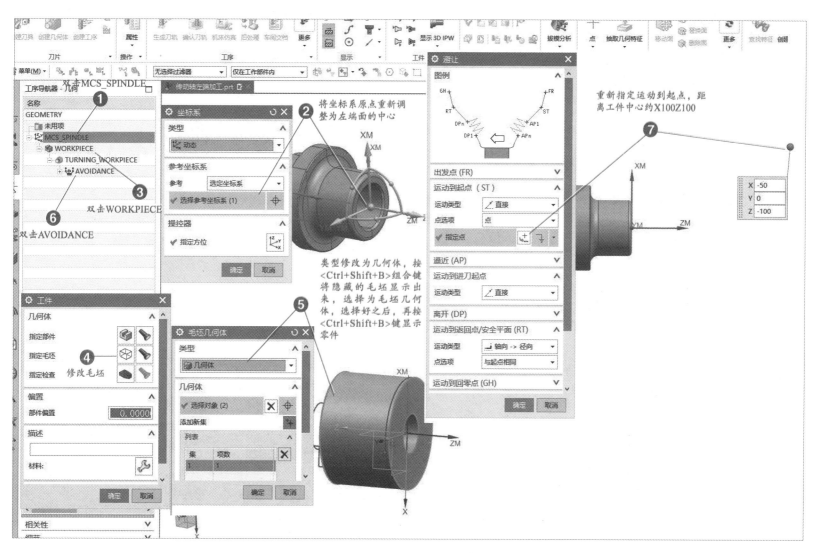

图 1 - 26　设置左端加工坐标系、 设置工件几何体

3）编制左端面车削程序，修改 FACING 工序，步骤如图 1-27 所示。

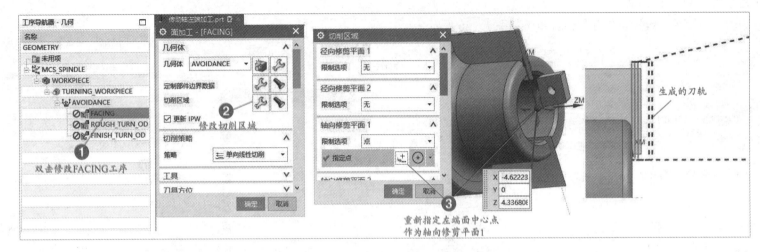

图 1-27 修改 FACING 工序

4）编制左端外径粗车程序，修改 ROUGH_ TURN_ OD 工序，步骤如图 1-28 所示。

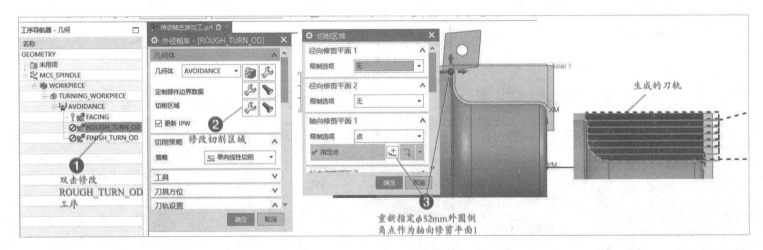

图 1-28 修改 ROUGH_ TURN_ OD 工序

5）编制左端外径精车程序，修改 FINISH_ TURN_ OD 工序，修改切削区域的点与编制左端外径粗车程序一致。

6）编制左端内径粗车程序，步骤如图 1 - 29 所示。

7）编制左端内径精车程序，步骤如图 1 - 30 所示。

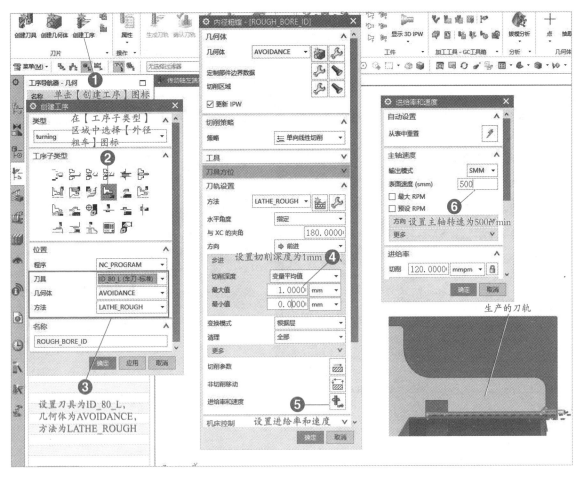

图 1 - 29　编制左端内径粗车程序

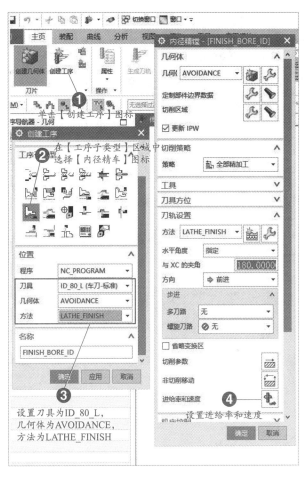

图 1 - 30　编制左端内径精车程序

8) 编制左端内槽加工程序，步骤如图 1 - 31、图 1 - 32 所示。

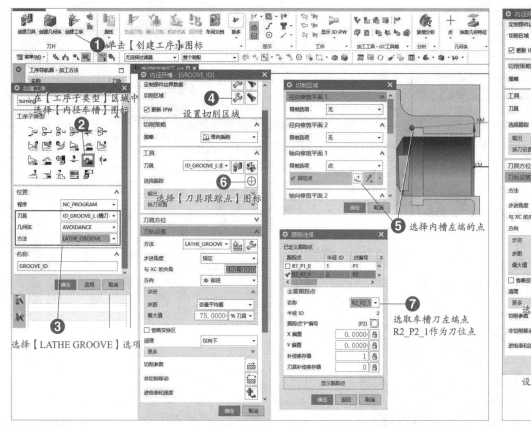

图 1 - 31　编制左端内槽加工程序 （1）

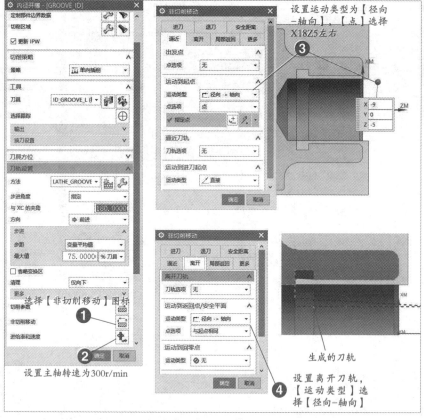

图 1 - 32　编制左端内槽加工程序 （2）

9）编制左端内螺纹车削程序，步骤如图 1-33 所示。

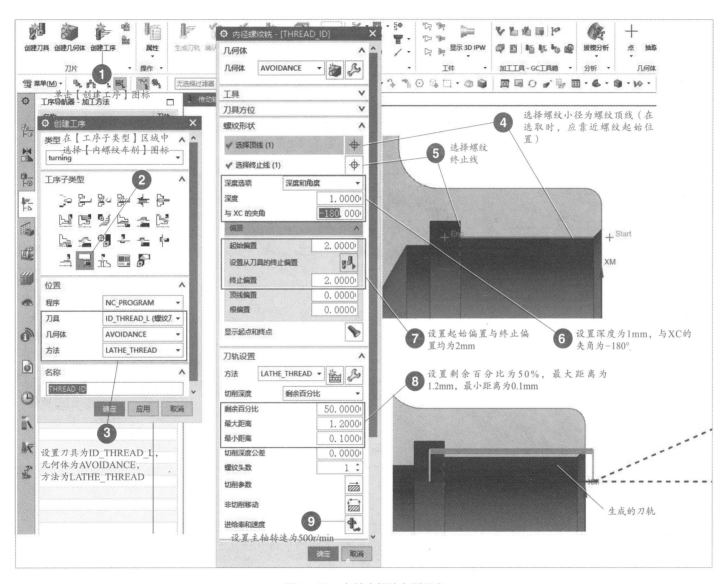

图 1-33　左端内螺纹车削程序

8. 刀轨验证与后处理

1）使用 3D 刀轨验证方式对程序进行验证，步骤如图 1-34、图 1-35 所示。

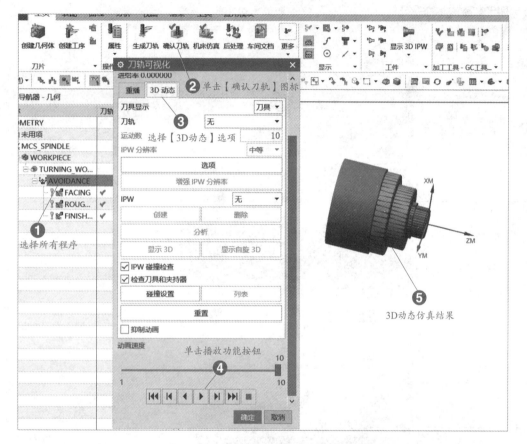

图 1-34　传动轴右端 3D 刀轨验证结果

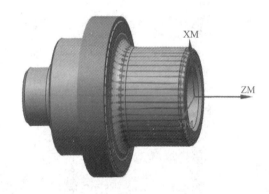

图 1-35　传动轴左端 3D 刀轨验证结果

2）后处理。选择车床后处理器进行后处理，步骤如图1-36所示。

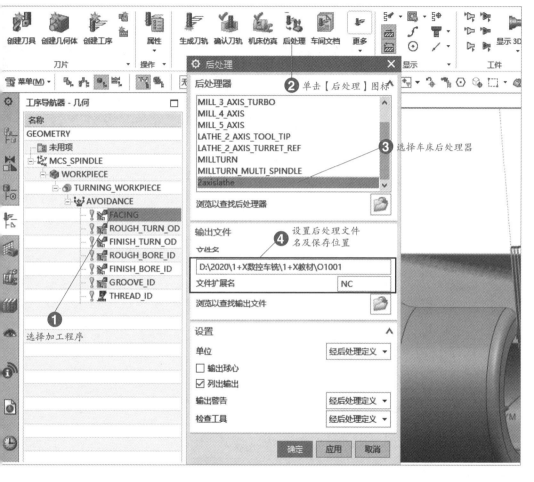

```
%
O01001
G28 U0 W0
T0101
(Tool_name:OD_80_L; Tool_type:Turning Tool-Standard;
Tool_number:1)
M08
G00 X100. Z90.
G00 X57.785 Z1.667
G97 S600 M03
G98 G01 X56.985 F80.
X-.8
X-1.6
G00 Z4.667
G00 X57.785
G00 Z.833
G01 X56.985
X-.8
X-1.6
G00 Z3.833
G00 X57.785
G00 Z0.0
G01 X56.985
X-.8
X-1.6
G00 Z90.
G00 X100.
M09
G28 U0 W0
M05
M30
%
(The version is NX 12.0.0.27)
(Cutting Time:    0 H 01 M 38 S)
```

图1-36　后处理

9. 填写数控加工程序单

根据传动轴后处理程序，填写数控加工程序单，见表 1-26。

表 1-26　数控加工程序单（工序 30）

数控加工程序单		产品名称		零件名称	传动轴	共 1 页
		工序号	**30**	工序名称	数车	第 1 页
序号	程序编号	工序内容	刀具	切削深度（相对最高点）/mm	备注	
1	O2001	车右端端面	95°外圆车刀	1		
2	O2002	粗车外圆	95°外圆车刀	1.5		
3	O2003	精车外圆	95°外圆车刀	0.5		
4	O2004	镗内孔	内孔镗刀	1.2		
5	O2005	车内槽	内槽车刀	2		
6	O2006	车内螺纹	内螺纹车刀			

装夹示意图：

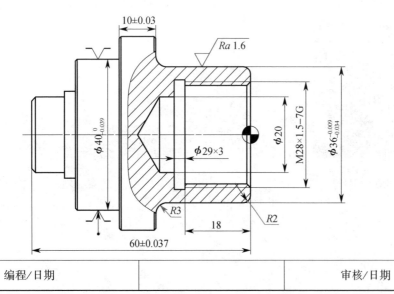

装夹说明：

夹紧 $\phi 40^{\ 0}_{-0.039}$ mm 外圆，以 $\phi 52^{\ 0}_{-0.046}$ mm 端面为 Z 向定位基准

编程/日期			审核/日期		

10. 传动轴的加工

（1）装夹工件　操作方式如图1-37所示。

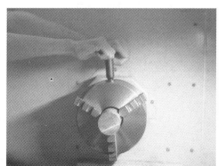

图1-37　装夹工件

（2）设置工件坐标系

1）启动主轴，操作步骤如图1-38所示。

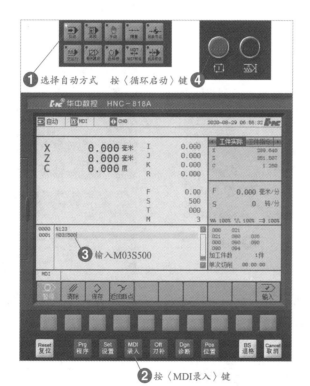

图1-38　启动主轴

2）设置Z轴零点，操作步骤如图1-39所示。

图1-39　设置Z轴零点

3）设置 X 轴零点，操作步骤如图 1-40 所示。

（3）程序导入　操作步骤如图 1-41 所示。

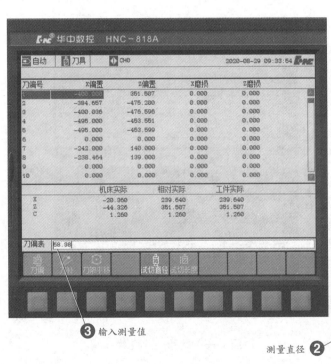

❶ 试车外圆

测量直径 ❷

❸ 输入测量值

图 1-40　设置 X 轴零点

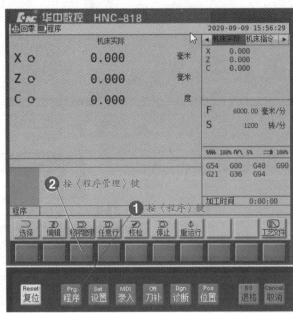

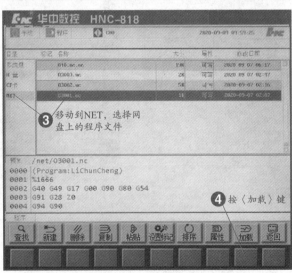

图 1-41　程序导入

(4) 程序校验 操作步骤如图 1-42 所示。

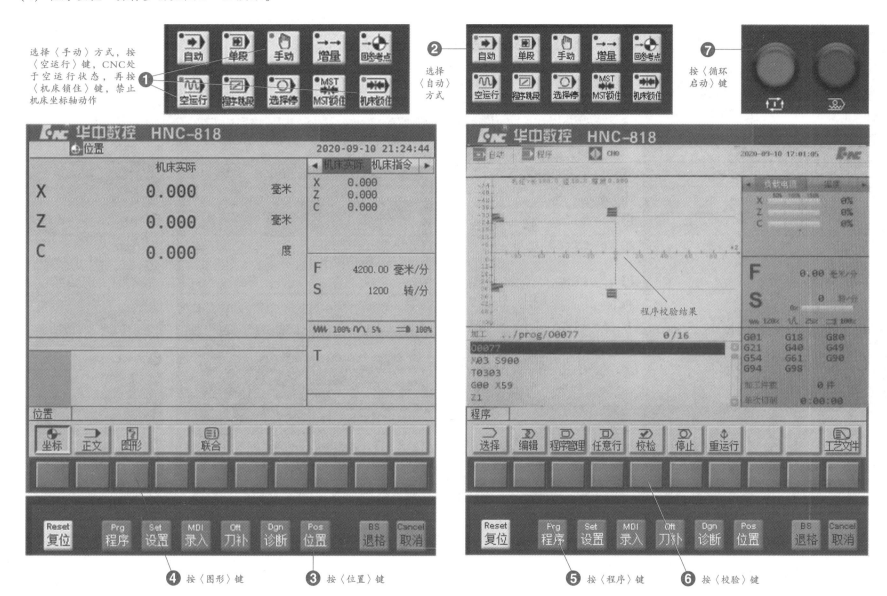

图 1-42 程序校验

（5）运行程序自动加工　操作步骤如图 1-43 所示。

（6）调头加工

1）调头设置外圆车刀 Z 轴零点，操作步骤如图 1-44 所示。

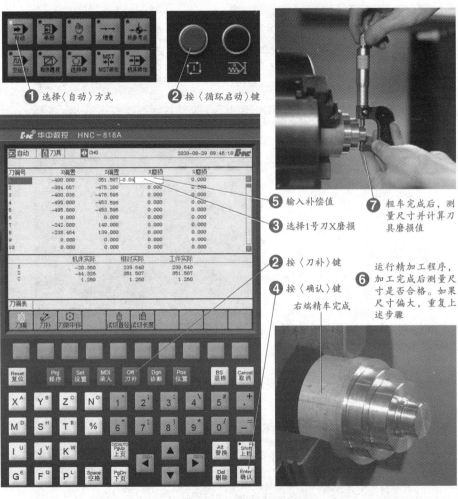

图 1-43　运行程序自动加工

① 选择〈自动〉方式
② 按〈循环启动〉键
⑤ 输入补偿值
③ 选择1号刀X磨损
② 按〈刀补〉键
④ 按〈确认〉键
右端精车完成
⑦ 粗车完成后，测量尺寸并计算刀具磨损值
⑥ 运行精加工程序，加工完成后测量尺寸是否合格。如果尺寸偏大，重复上述步骤

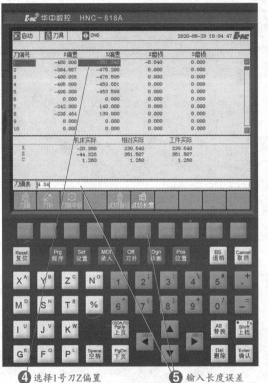

图 1-44　调头设置外圆车刀 Z 轴零点

① 在 $\phi 40^{\ 0}_{-0.039}$ mm 外圆上安装钢套
② 调头找正工件
③ 平端面后，测量长度，计算长度误差
④ 选择1号刀Z偏置
⑤ 输入长度误差

2）手动钻孔，操作步骤如图 1 - 45 所示。

3）车左端面、外圆，操作步骤如图 1 - 46 所示。

❶ 运行端面车削程序

❹ 精车外圆

❶ 手动钻中心孔ϕ3~5mm

❷ 测量并保证总长

❺ 测量并保证尺寸精度

❷ 手动钻ϕ20mm孔

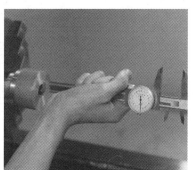
❸ 测量孔深度是否达到要求

❸ 粗车之后测量尺寸、
输入刀具磨损值

图 1-45　手动钻孔

图 1-46　车左端面、外圆

4）设置内孔镗刀刀补，操作步骤如图1-47、图1-48所示。

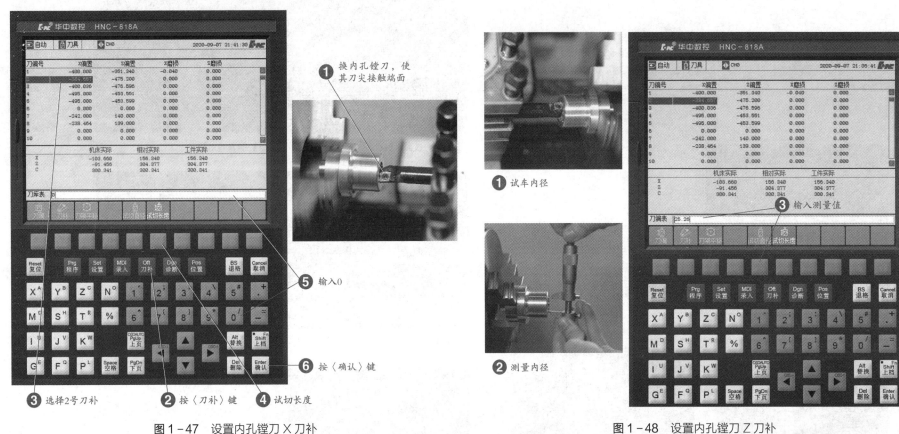

图1-47　设置内孔镗刀X刀补

图1-48　设置内孔镗刀Z刀补

5）设置内槽车刀刀补，操作步骤如图1-49所示。

❶ 换内槽车刀，刀尖接触端面，选择3号刀补，试切长度设为0

❷ 使内槽车刀刀尖接触内孔表面，选择3号刀补，在试切直径栏输入内孔镗刀测量值

图1-49　设置内槽车刀刀补

6）设置内螺纹车刀刀补，操作步骤如图1-50所示。

❶ 换内螺纹车刀，目测刀尖对齐外圆端面，选择4号刀补，在试切长度栏输入0

❷ 将内螺纹车刀刀尖接触内孔表面，选择4号刀补，在试切直径栏输入内孔镗刀测量值

图1-50　设置内螺纹车刀刀补

7）运行对应程序加工内孔、内槽、内螺纹，如图1-51～图1-53所示。

图1-51　内孔加工

图1-52　内槽加工

图1-53　内螺纹加工

11. 传动轴零件自测

根据表 1-27 对传动轴进行自检，将测量数据填入表中，并对加工零件的合格性进行制定。

表 1-27 传动轴自检表

零件名称	传动轴								允许读数误差	±0.007mm
序号	项目	尺寸要求/mm	使用的量具	测量结果					项目判定	
				No.1	No.2	No.3	平均值			
1	外径	$\phi20^{+0.023}_{-0.002}$						合格（　　）不合格（　　）	
2	外径	$\phi36^{-0.009}_{-0.034}$						合格（　　）不合格（　　）	
3	总长	60 ± 0.037						合格（　　）不合格（　　）	
结论（对上述测量尺寸进行评价）	合格品（　　）　　　　次品（　　）废品（　　）									
处理意见										

1）使用 0～25mm 外径千分尺测量 $\phi20^{+0.023}_{-0.002}$ mm 外圆，如图 1-54 所示。

图 1-54　测量 $\phi20^{+0.023}_{-0.002}$ mm 外圆

2）使用 25～50mm 外径千分尺测量 $\phi36^{-0.009}_{-0.034}$ mm 外圆，如图 1-55 所示。

图 1-55　测量 $\phi36^{-0.009}_{-0.034}$ mm 外圆

3）使用游标卡尺测量传动轴总长，如图 1-56 所示。

图 1-56　测量传动轴总长

1.4.2 轴承座的铣削加工

1. 轴承座的三维建模

1）绘制轴承座零件 80mm×70mm 矩形凸台。启动 NX 12 软件，新建文件，选择模板为"模型"，设置文件名称和存放目录，进入 NX 12 建模环境，在拉伸截面中绘制截面，选择 XY 平面作为草图平面，然后完成草图拉伸 10mm，绘制步骤如图 1-57 所示。

轴承座的三维建模

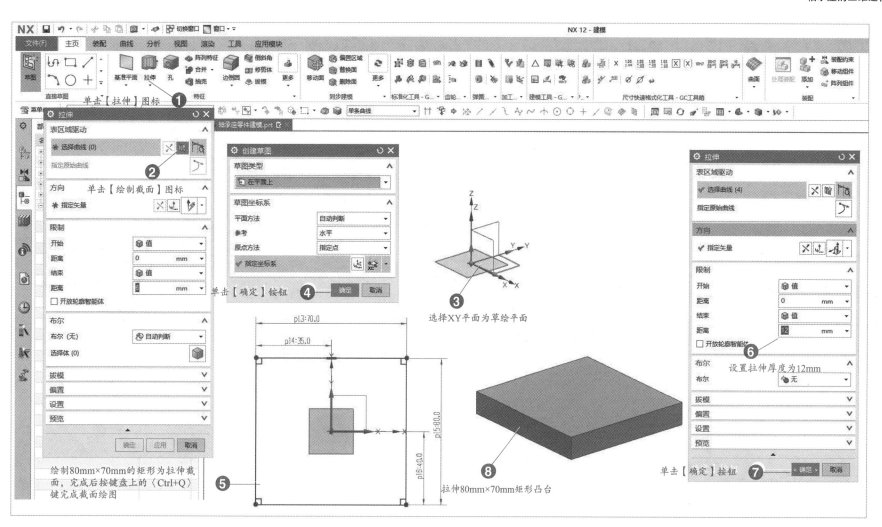

图 1-57　绘制轴承座零件 80mm×70mm 矩形凸台

2）绘制斜十字凸台、φ50mm 圆台，绘制步骤如图 1－58 所示。

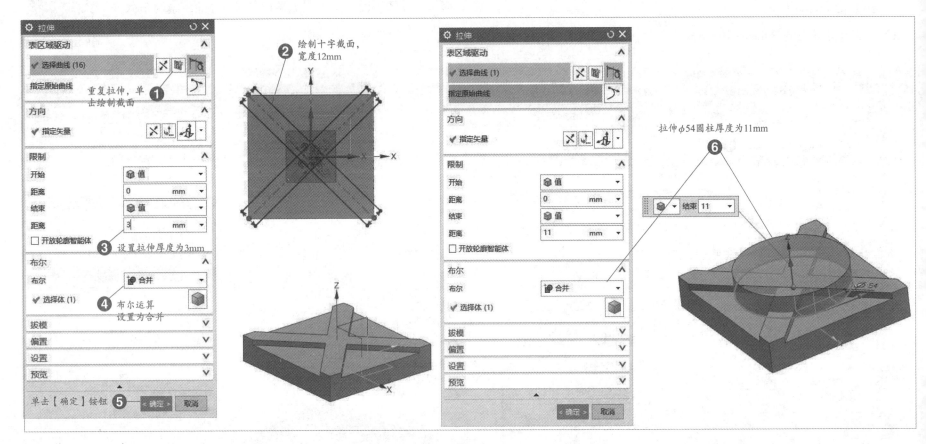

图 1－58　绘制斜十字凸台、φ50mm 圆台

3）绘制 φ32mm、φ42mm 孔，绘制步骤如图 1-59 所示。

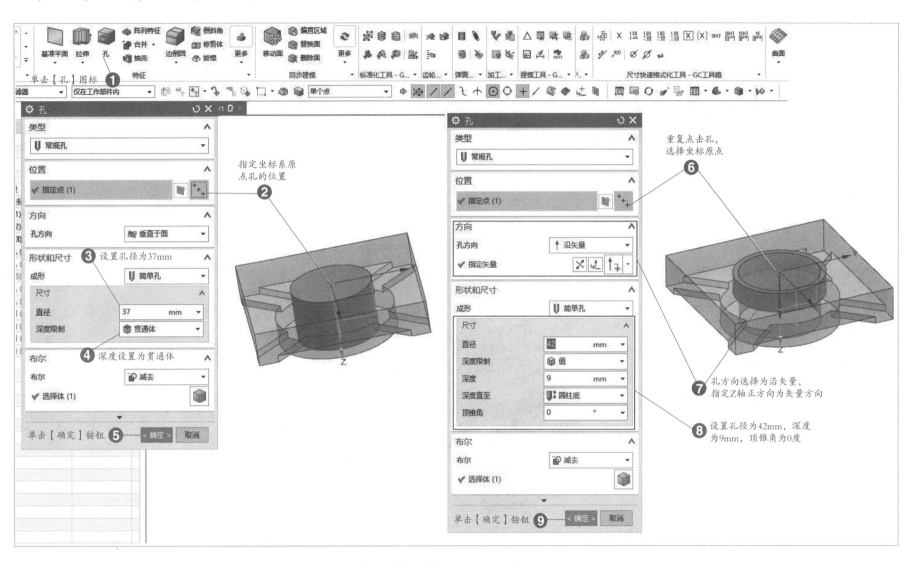

图 1-59　绘制 φ32mm、 φ42mm 孔

4）绘制 $2 \times \phi 8H7$ 通孔、$2 \times M8$ 螺纹孔，绘制步骤如图 1-60 所示。

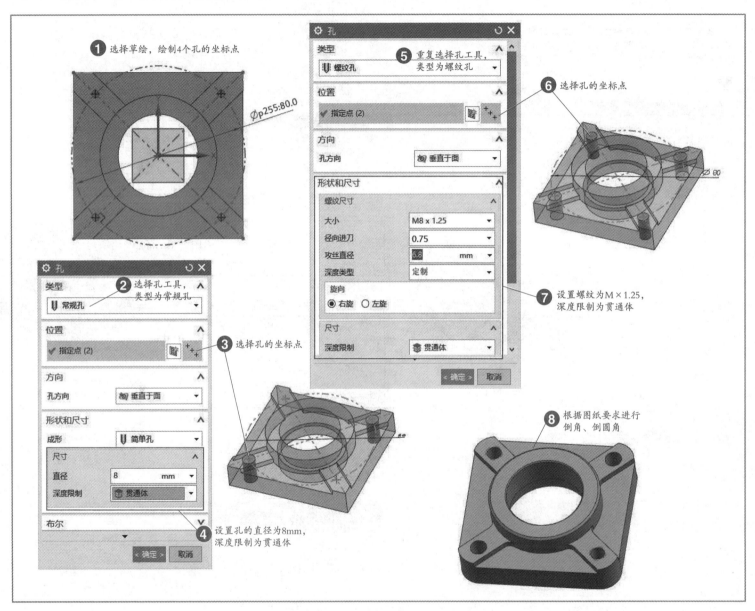

图 1-60　绘制 $2 \times \phi 8H7$ 通孔、$2 \times M8$ 螺纹孔

2. 加工工艺路线安排

按照基面先行、先面后孔、先粗后精、先主后次的加工顺序安排原则制订加工工艺路线。

数控铣削加工工序的划分原则：

1）按零件的装夹定位方式划分工序。

2）按粗、精加工分开的原则划分工序。

3）按所用刀具划分工序。

根据零件的特点，按照加工工艺的安排原则安排加工工艺路线，见表1-28。

表1-28 加工工艺路线安排

序号	工步名称	图示	序号	工步名称	图示
1	粗铣反面平面、80mm×70mm×14mm 的外形，粗铣 $\phi 42^{+0.007}_{-0.018}$ mm、$\phi 32^{+0.039}_{0}$ mm 内孔		6	钻 $2 \times \phi 8H7$ 孔，铰孔 $2 \times \phi 8H7$	
2	精铣反面平面，粗铣 $\phi 42^{+0.007}_{-0.018}$ mm 孔的底面	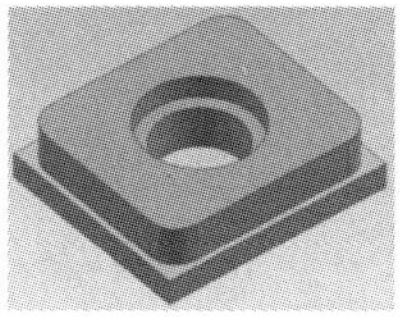	7	钻 $2 \times M8$ 螺纹孔至 $\phi 6.8$ mm	
3	精铣反面 80mm×70mm×14mm 的外形	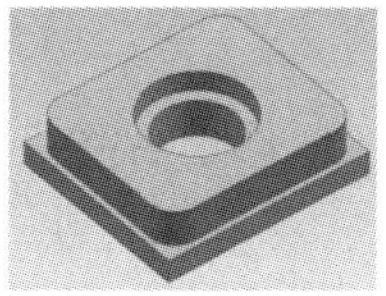	8	攻 $2 \times M8$ 螺纹孔	
4	精铣 $\phi 42^{+0.007}_{-0.018}$ mm、$\phi 32^{+0.039}_{0}$ mm 内孔	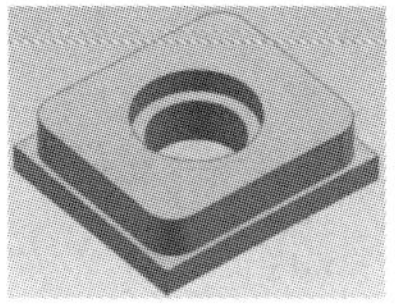	9	倒角	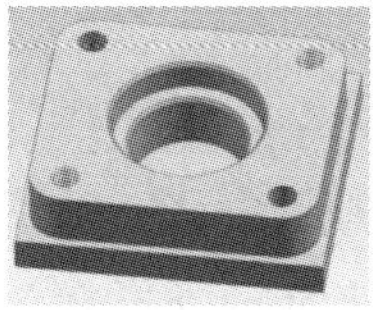
5	钻 $2 \times \phi 8H7$、$2 \times M8$ 中心孔		10	粗铣正面平面、$\phi 50^{-0.010}_{-0.056}$ mm 的圆台、12mm 宽斜十字凸台	

序号	工步名称	图示	序号	工步名称	图示
11	精铣正面平面、12mm宽斜十字上表面和底面		13	倒角	
12	精铣正面 $\phi50^{-0.010}_{-0.056}$ mm 的圆台、12mm宽斜十字凸台				

3. 工步的划分原则

工步的划分主要从加工精度和生产效率两方面来考虑。

1) 同一表面按粗加工、半精加工、精加工依次完成，或全部加工表面按先粗后精划分工步。

2) 对于既有铣削平面又有镗孔加工的表面，可按先铣削平面后镗孔进行工步划分。

3) 按刀具划分工步。

根据上述原则，轴承座20工序的工步，可划分为粗铣 A 平面、内孔、外形→精铣 A 平面、内孔底面→精铣内孔→精铣外形→钻中心孔→钻底孔→攻螺纹。

4. 加工余量、工序尺寸和公差的确定

加工余量是指在加工中被切去的金属层厚度。加工余量的大小对于零件的加工质量、生产效率和生产成本均有较大的影响。加工余量过大，不仅会增加机械加工的劳动量，降低生产效率，而且会增加材料、工具和电力的消耗，使加工成本增加。但是加工余量过小又不能保证消除上道工序的各种误差和表面缺陷，甚至产生废品。因此，应当合理地确定加工余量。

加工余量的确定方法有：

1) 分析计算法。根据对影响加工余量的各项因素进行分析，通过计算来确定加工余量。

2) 查表法。根据有关手册提供的加工余量数据，再结合本厂生产实际情况加以修正后确定加工余量。这是各工厂广泛采用的方法。

3) 经验估计法。根据工艺人员本身积累的经验确定加工余量。一般为了防止余量过小而产生废品，所估计的余量总是偏大，常用于单件、小批量生产。

5. 切削用量的计算

按照切削用量选用的基本原则，以工序20工步2为例，通过查《切削用量手册》（见表1-29、表1-30），分别确定背吃刀量、切削速度、进给量。

表 1－29　铣削加工的切削速度参考值

工件材料	布氏硬度 HBW	v_c/(m/min)	
		高速钢铣刀	硬质合金铣刀
钢	<225	18~42	66~150
	225~325	12~36	54~120
	325~425	6~21	36~75
铸铁	<190	21~36	66~150
	190~260	9~18	45~90
	260~320	4.5~10	

表 1－30　铣刀每齿进给量 f_z 参考值

工件材料	每齿进给量 f_z/(mm/z)			
	粗铣		精铣	
	高速钢铣刀	硬质合金铣刀	高速钢铣刀	硬质合金铣刀
钢	0.10~0.15	0.10~0.25	0.02~0.05	0.6~0.15
铸铁	0.12~0.20	0.15~0.30		

（1）背吃刀量　背吃刀量 a_p 取为 1mm。

（2）侧吃刀量　侧吃刀量 a_e 取为刀具直径的 65%，即 6.5mm。

（3）切削速度　切削速度取 100m/min，则

$$n_s = \frac{1000v_c}{\pi d} = \frac{1000 \times 100}{3.14 \times 10}\text{r/min} = 3184\text{r/min}$$

取 $n_s = 3000$r/min。

（4）进给量　粗加工进给量 f 取为 0.33mm/r，则 F 取 1000mm/min。

6. 编制数控加工工艺文件

编制数控加工工序卡时，要根据机械加工工艺过程卡填写表头信息，编制工序卡工步，每个工步切削参数要合理，手工绘制工序简图，简图需绘制该工序加工的表面，标注夹紧定位位置；编制数控加工刀具卡时，要根据机械加工工艺过程卡填写表头信息，填写每把刀具的基本信息。轴承座数控加工工序卡见表 1－31，轴承座数控加工刀具卡见表 1－32。

表 1－31　数控加工工序卡（工序 20）

零件名称	轴承座	数控加工工序卡		工序号	20	工序名称	数铣	共 2 页
								第 1 页
材料	2A12	毛坯规格	85mm×75mm×25mm	机床设备	VMC850	夹具		机用平口钳

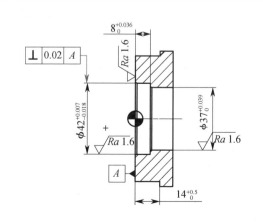 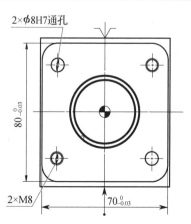

工步号	工步内容	刀具规格	刀具材料	量具	背吃刀量/mm	进给速度/(mm/min)	主轴转速/(r/min)
1	夹紧工件，工件伸出钳口 16mm						
2	粗铣底面平面、80mm×70mm×14mm 的凸台、$\phi 42^{+0.007}_{-0.018}$mm、$\phi 37^{+0.039}_{0}$mm内孔外形，留 0.3mm 加工余量，底面留 0.2mm 加工余量	ϕ10mm 立铣刀	硬质合金	游标卡尺	1	1000	3000
3	精铣底面平面	ϕ10mm 立铣刀	硬质合金		0.2	500	3500
4	精铣 $\phi 42^{+0.007}_{-0.018}$mm 内孔底面，保证深度尺寸$8^{+0.036}_{0}$mm	ϕ10mm 立铣刀	硬质合金	深度千分尺	0.2	500	3500
5	精铣 $\phi 42^{+0.007}_{-0.018}$mm 内孔至图样要求	ϕ10mm 立铣刀	硬质合金	内径千分尺	0.3	500	3500
6	精铣 $\phi 32^{+0.039}_{0}$mm 内孔至图样要求	ϕ10mm 立铣刀	硬质合金	内径千分尺	0.3	500	3500
7	精铣 80mm×70mm×14mm 的凸台至图样要求	ϕ10mm 立铣刀	硬质合金	外径千分尺	0.3	500	3500
8	钻 2×ϕ8H7 孔，攻 2×M8 螺纹孔	ϕ3mm 中心钻	高速钢	游标卡尺		50	1000
9	钻 2×ϕ8H7 底孔至 ϕ7.8mm	ϕ7.8mm 麻花钻	高速钢	游标卡尺		80	1000
10	铰孔 2×ϕ8H7	ϕ8H7 铰刀	高速钢	ϕ8mm 塞规		40	300
11	钻 2×M8 孔至 ϕ6.8mm	ϕ6.8mm 麻花钻	高速钢	游标卡尺		80	1000
12	攻 2×M8 螺纹孔	M8 丝锥	高速钢	M8 塞规			
编制		日期		审核		日期	

表 1-32 数控加工刀具卡

零件名称		轴承座	数控加工刀具卡				工序号		20
工序名称		数铣	设备名称		数控铣床		设备型号		**CAK6140**
工步号	刀具号	刀具名称	刀柄型号	刀具			补偿量/mm		备注
				直径/mm	刀长/mm	刀尖半径/mm			
2~7	T01	φ10mm 立铣刀	BT40	10		0	0		
8	T02	φ3mm 中心钻	BT40	3		0	0		
9	T03	φ7.8mm 麻花钻	BT40	7.8		0	0		
10	T04	φ8H7 铰刀	BT40	8		0	0		
11	T05	φ6.8mm 麻花钻	BT40	6.8		0	0		
12	T06	M8 丝锥	BT40	8		0	0		
编制		审核		批准			共 页		第 页

7. 轴承座加工程序的编制

（1）轴承座反面加工程序的编制

1）设置铣削加工环境，步骤如图1-61所示。

2）设置加工坐标系、工件几何体与毛坯几何体，步骤如图1-62所示。

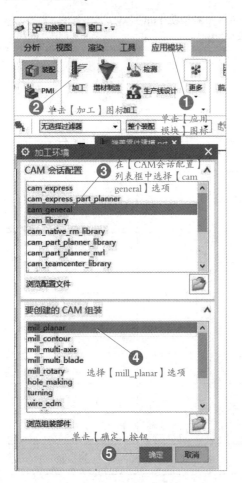

图1-61 设置铣削加工环境

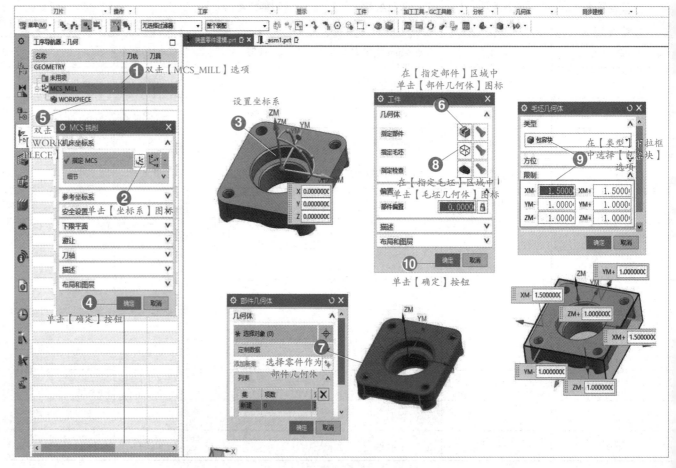

图1-62 设置加工坐标系、工件几何体与毛坯几何体

3）创建刀具。创建 ϕ10mm 立铣刀，步骤如图 1-63 所示。按 ϕ10mm 立铣刀的创建方法，分别创建 ϕ3mm 中心钻，ϕ6.8mm、ϕ7.8mm 麻花钻，ϕ8H7 铰刀，M8 丝锥，ϕ8mm 倒角刀等刀具，相关刀具参数见表 1-33。

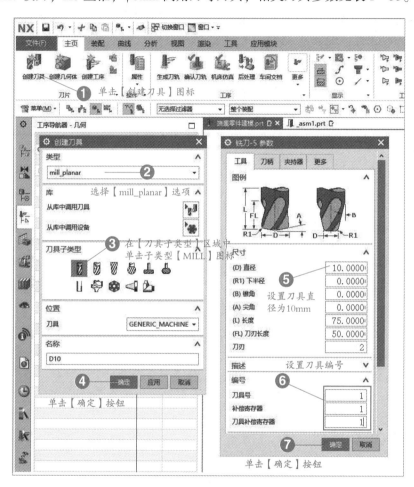

图 1-63　创建 ϕ10mm 立铣刀

表 1-33　刀具参数

编号	刀具	刀具名称	刀具类型
1	ϕ10mm 立铣刀	D10	MILL
2	ϕ3mm 中心钻	Z3	CENTERDRILL
3	ϕ6.8mm 麻花钻	Z6.8	STD_ DRILL
4	ϕ7.8mm 麻花钻	Z7.8	STD_ DRILL
5	ϕ8H7 铰刀	J8H7	REAMER
6	M8 丝锥	M8	TAP
7	ϕ8mm 倒角刀	C8	CHAMFER_ MILL

4) 设置加工方法。设置粗加工方法，步骤如图 1 - 64 所示。

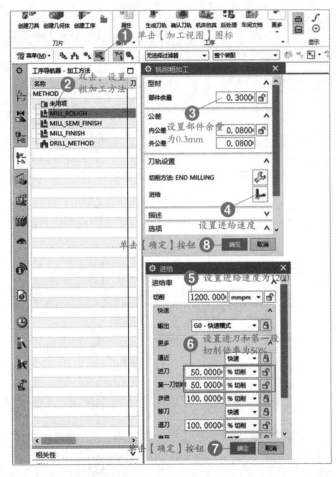

图 1-64　设置粗加工方法

按照上述方法设置精加工方法、钻孔方法，见表 1 - 34。

表 1-34　设置加工方法

编号	方法	名称	进给速度/ （mm/min）	余量/mm
1	粗加工	MILL_ ROUGH	1200	0.3
2	精加工	MILL_ FINISH	500	0
3	钻孔	DRILL_ METHOD	120	

5）创建底面粗加工程序，设置切削区域，步骤如图 1-65 所示。

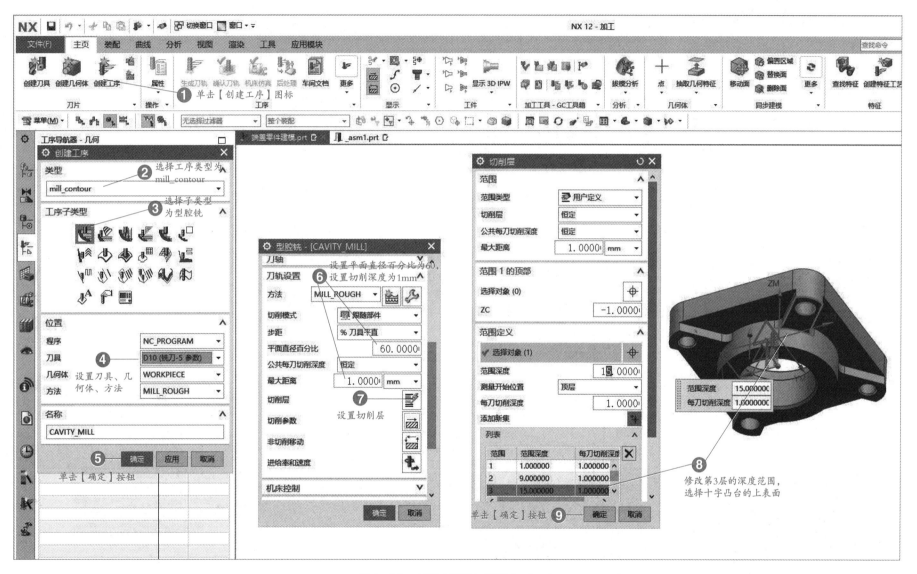

图 1-65　创建底面粗加工程序（一）

6) 创建底面粗加工程序，设置其他切削参数，步骤如图 1-66 所示。

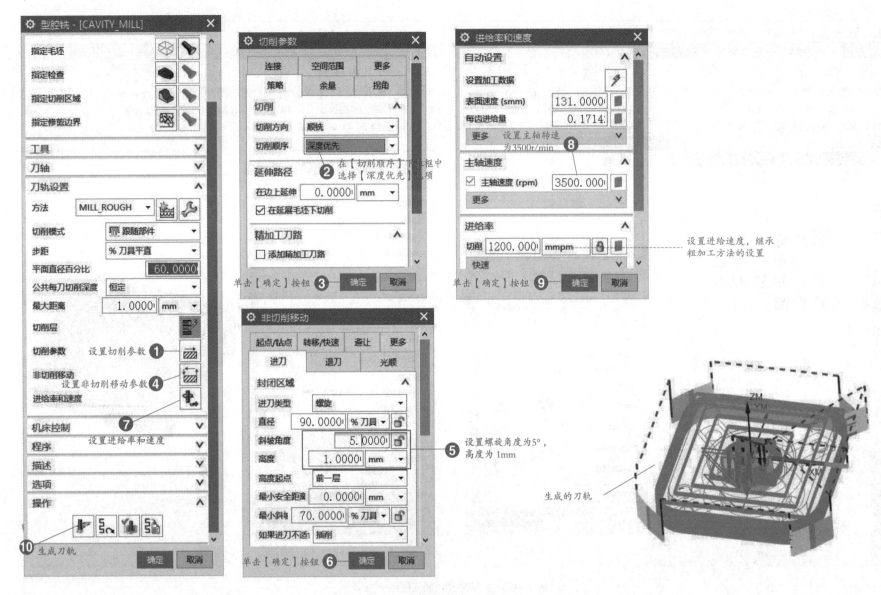

图 1-66 创建底面粗加工程序 (二)

7）二次开粗，复制粗加工，加工未加工完的部分，步骤如图 1-67 所示。

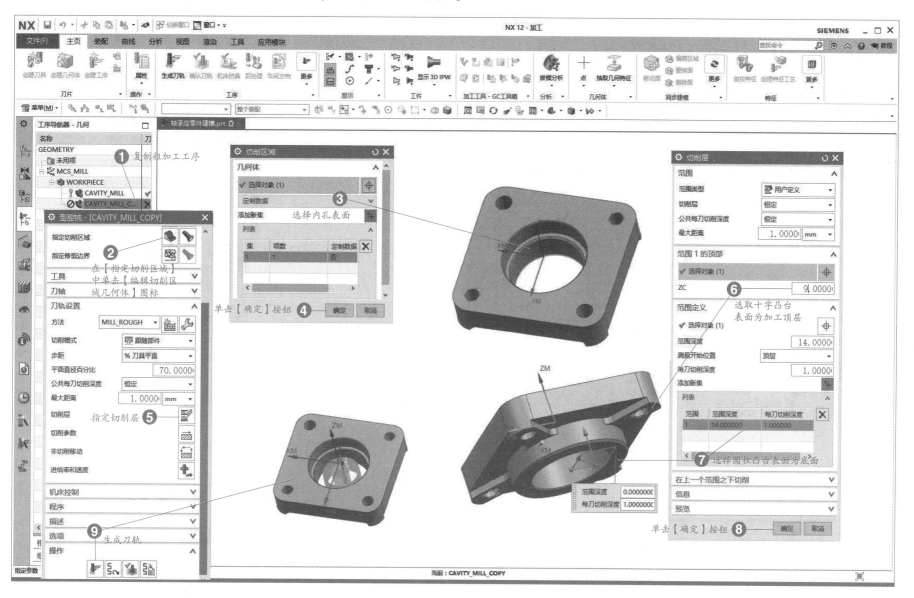

图 1-67　二次开粗

8）精铣底面，步骤如图 1-68 所示。

9）精铣 $\phi 42^{+0.007}_{-0.018}$ mm 孔底面，复制 FLOOR_WALL 工序，修改精铣底面第⑤、⑥步，第⑦步切削模式修改为轮廓，将切削参数中的壁余量设置为 0.3mm，步骤如图 1-69 所示。

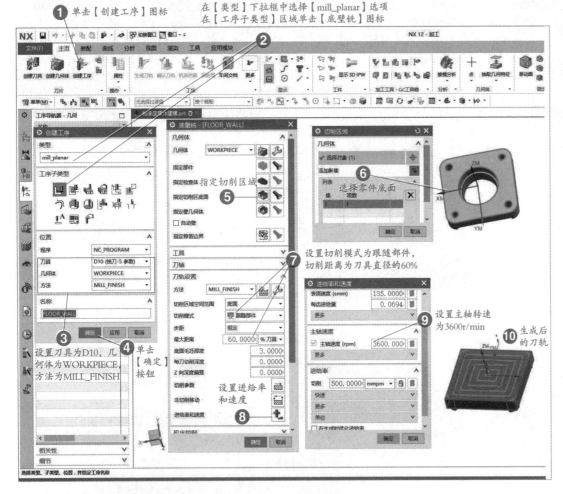

图1-68 精铣底面

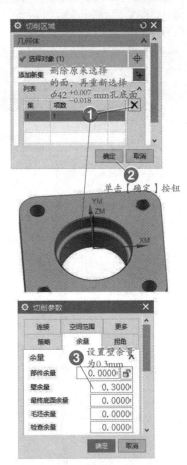

图1-69 精铣 $\phi 42^{+0.007}_{-0.018}$ mm 孔底面

10）精铣 $\phi42^{+0.007}_{-0.018}$ mm 孔，步骤如图 1 - 70 所示。

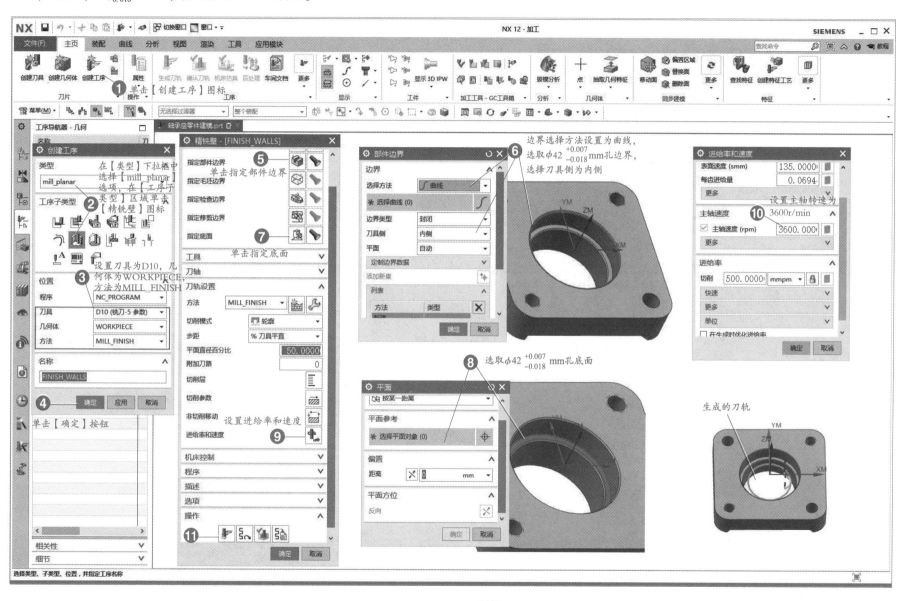

图 1 - 70　精铣 $\phi42^{+0.007}_{-0.018}$ mm 孔

11）精铣 $\phi32^{+0.039}_{0}$ mm 孔，复制 FINISH_ WALLS 工序，修改精铣底面第⑥步和第⑧步，步骤如图 1-71 所示。

12）精铣 80mm×70mm 外形，重复精铣 $\phi32^{+0.039}_{0}$ mm 孔的步骤，如图 1-72 所示。

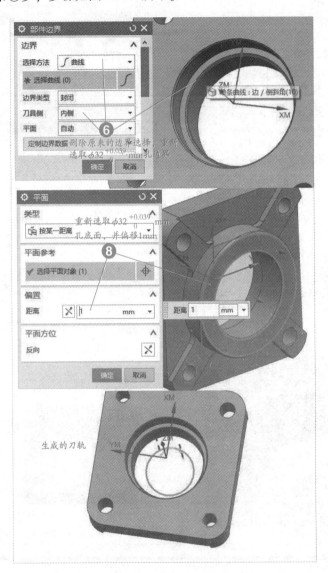

图 1-71　精铣 $\phi32^{+0.039}_{0}$ mm 孔

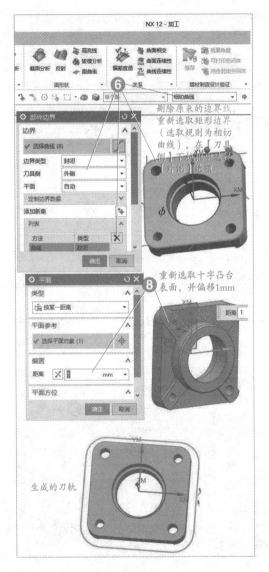

图 1-72　精铣 80mm×70mm 外形

13) 钻中心孔，步骤如图 1-73 所示。

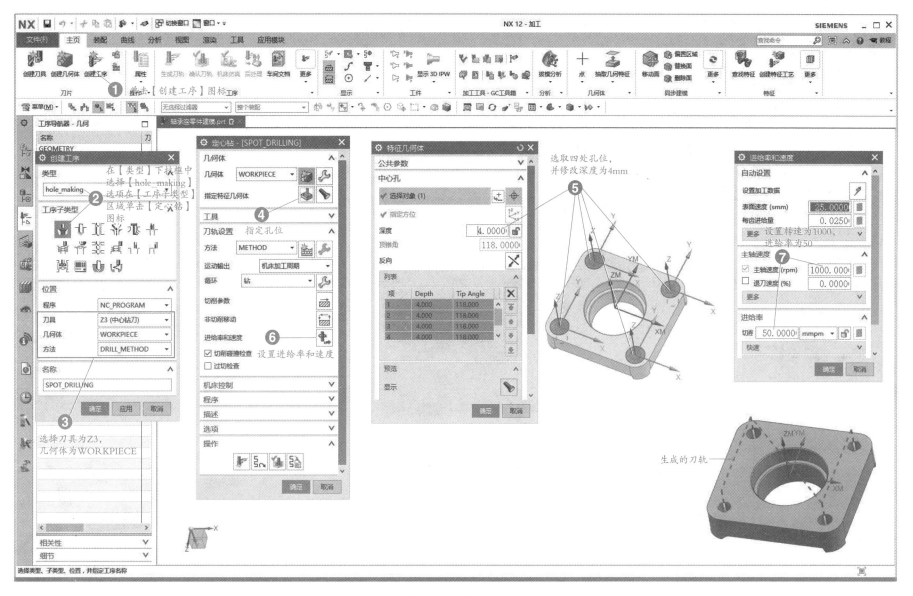

图 1-73 钻中心孔

14）钻 $2 \times \phi 6.8$mm 孔，步骤如图 1-74 所示。

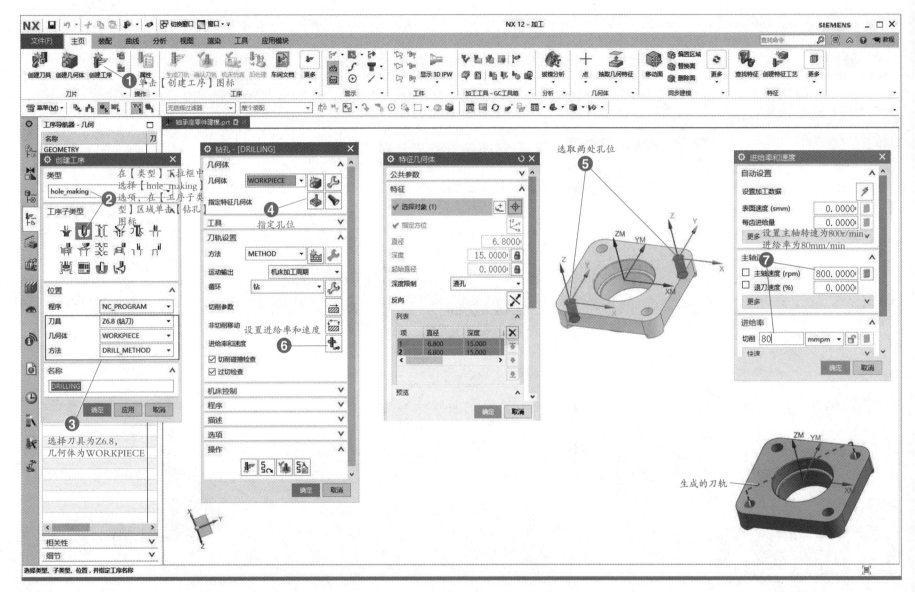

图 1-74　钻 $2 \times \phi 6.8$mm 孔

15) 攻 2 × M8 螺纹孔, 步骤如图 1-75 所示。

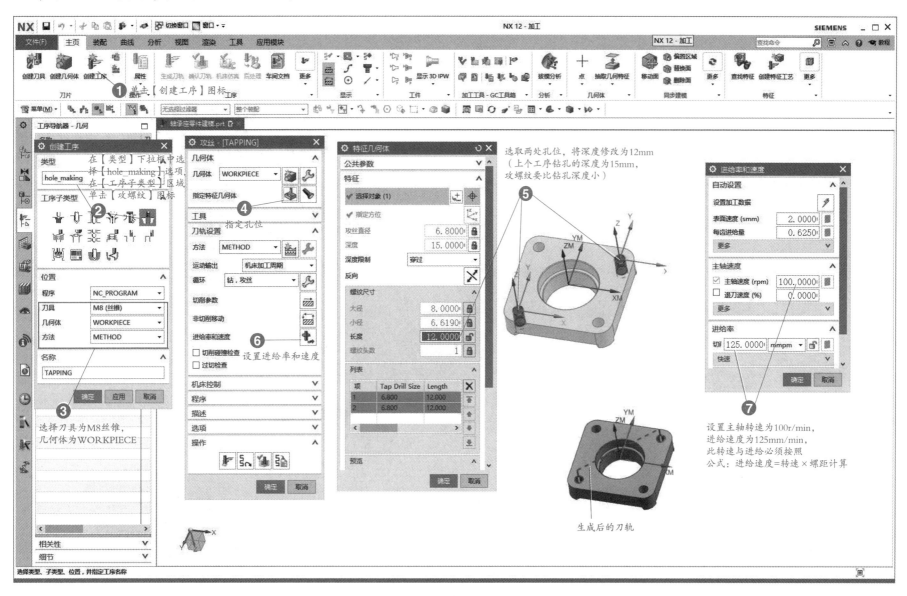

图 1-75 攻 2 × M8 螺纹孔

16）钻2×φ7.8mm 孔，复制 DRILLING 工序，修改第④步和第⑤步，如图 1−76 所示。

17）铰2×φ8H7 孔，复制 DRILLING_ COPY 工序，修改工具选项的刀具为 J8 铰刀，修改主轴转速为 240r/min，进给速度为 40mm/min，如图 1−77 所示。

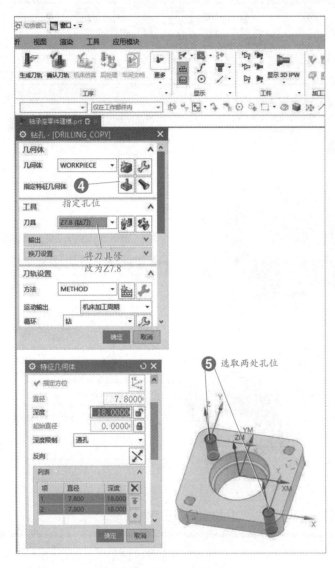

图 1−76 钻2×φ7.8mm 孔

图 1−77 铰2×φ8H7 孔

18）φ42mm 孔倒角，步骤如图 1-78 所示。

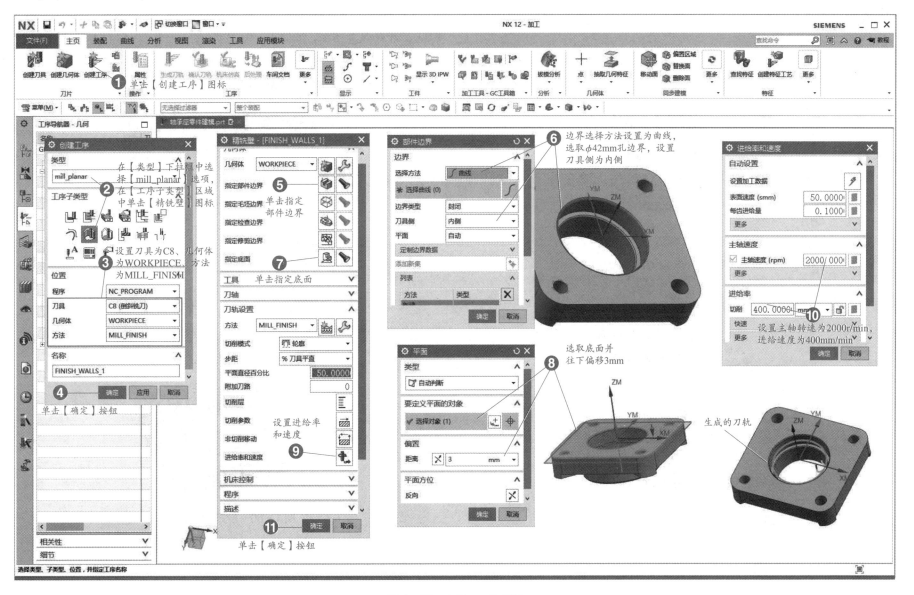

图 1-78　φ42mm 孔倒角

19）$\phi 32_{0}^{+0.039}$mm 孔口倒角，复制 FINISH_ WALLS_ 1 工序，修改第⑥步和第⑧步，如图 1-79 所示。

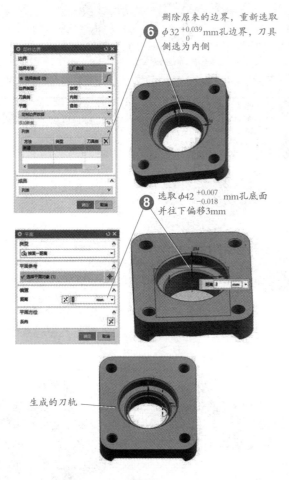

删除原来的边界，重新选取
$\phi 32_{0}^{+0.039}$mm孔边界，刀具侧选为内侧 ⑥

选取$\phi 42_{-0.018}^{+0.007}$mm孔底面并往下偏移3mm ⑧

生成的刀轨

图 1-79　$\phi 32_{0}^{+0.039}$mm 孔口倒角

（2）轴承座正面加工程序的编制

1）将轴承座零件反面加工程序复制一份，重新命名，设置为 MCS_ MILL，并修改坐标系，如图 1-80 所示。

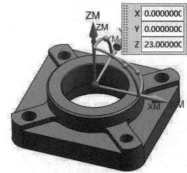

X	0.000000C
Y	0.000000C
Z	23.00000C

图 1-80　设置 MCS_ MILL

2）粗铣轴承座正面，步骤如图 1-81 所示。

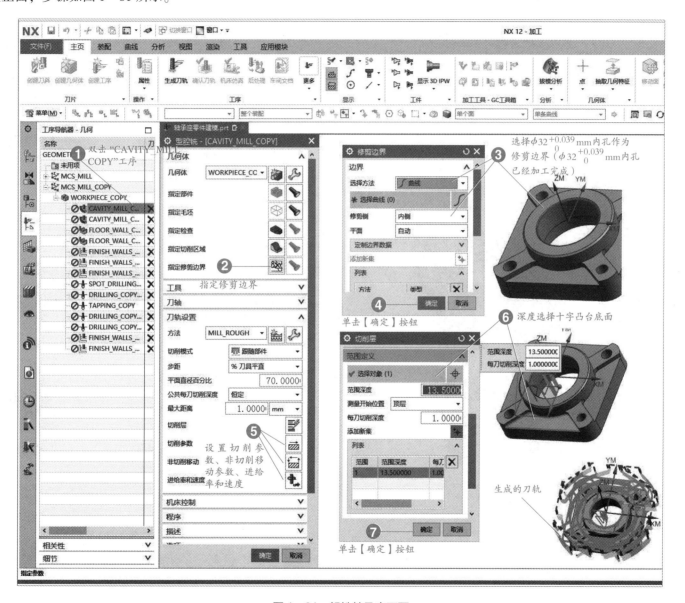

图 1-81　粗铣轴承座正面

3) 精铣零件上表面, 步骤如图 1−82 所示。

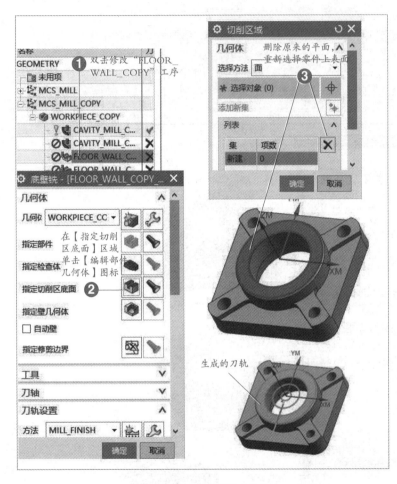

图 1−82　精铣零件上表面

4) 精铣零件十字凸台上表面, 步骤如图 1−83 所示。

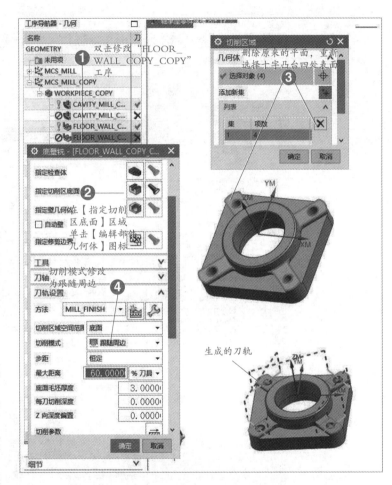

图 1−83　精铣零件十字凸台上表面

5）精铣零件十字凸台底面，步骤如图 1 - 84 所示。

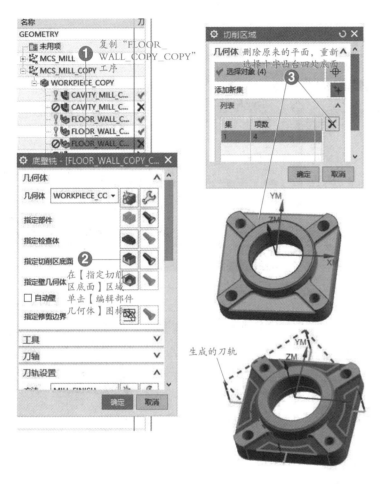

图 1 - 84　精铣零件十字凸台底面

6）精铣 $\phi50^{-0.010}_{-0.056}$ mm 圆柱，修改 FINISH_WALLS_COPY_2 工序参数，步骤如图 1 - 85 所示。

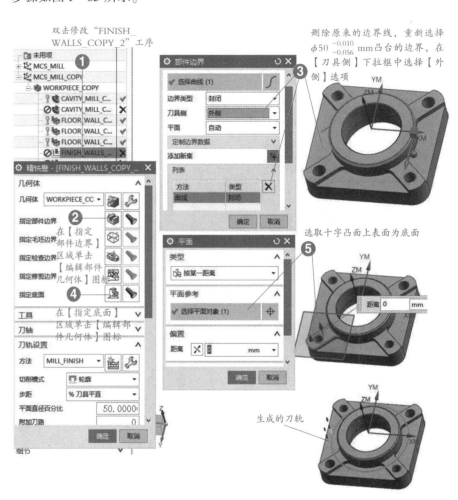

图 1 - 85　精铣 $\phi50^{-0.010}_{-0.056}$ mm 圆柱

7）精铣十字凸台，修改 FINISH_WALLS_COPY_COPY 工序参数，步骤如图 1-86 所示。

8）$\phi32_{0}^{+0.039}$mm 内孔倒角，修改 FINISH_WALLS_1_COPY_1 工序参数，步骤如图 1-87 所示。

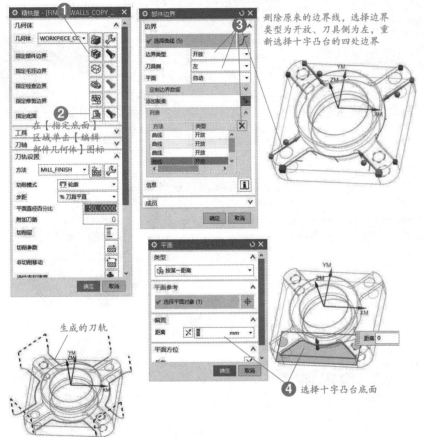

图 1-86　精铣十字凸台

图 1-87　$\phi32_{0}^{+0.039}$mm 内孔倒角

9）$\phi 50^{-0.010}_{-0.056}$ mm 凸台倒角，修改 FINISH_ WALLS_ 1_ COPY_ COPY 工序参数，步骤如图 1-88 所示。

在【指定部件边界】
区域单击【编辑部件
几何体】图标

在【指定底面】区
域单击【编辑部件
几何体】图标

删除原来的边界线，重新选择
$\phi 50^{-0.010}_{-0.056}$ mm圆柱凸台的边
界，在【刀具侧】下拉框中选
择【外侧】选项

选择零件上表面，
往下偏移3mm

生成的刀轨

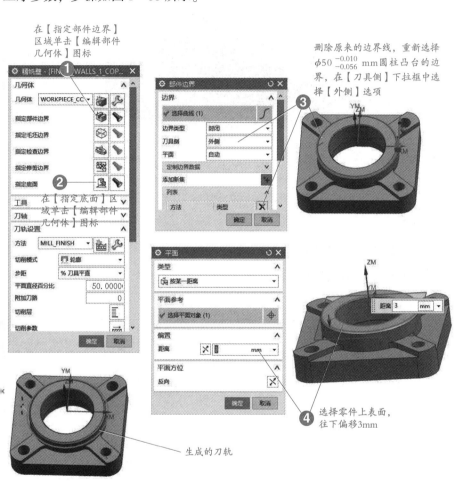

图 1-88 $\phi 50^{-0.010}_{-0.056}$ mm 凸台倒角

10）删除其他未使用的工序，所有工序如图 1-89 所示。

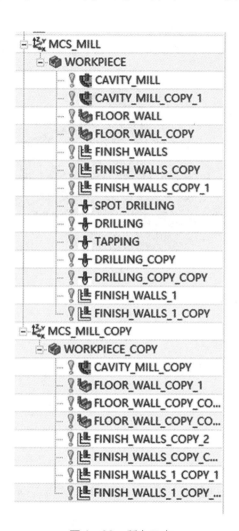

图 1-89 所有工序

8. 刀轨验证与后处理

1）使用3D刀轨验证方式对程序进行验证，步骤可参考图1-34。验证结果如图1-90、图1-91所示。

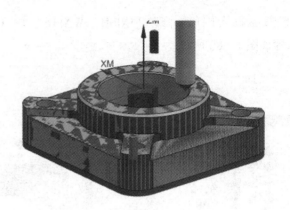

图1-91　正面3D刀轨验证

2）按照1.4.1小节中传动轴后处理的方法选择铣床的后处理器，后处理所有程序。

9. 填写数控加工程序单

根据轴承座后处理的程序，填写数控加工程序单，见表1-35。

图1-90　底面3D刀轨验证

表1-35　数控加工程序单

数控加工程序单		产品名称		零件名称	轴承座	共1页
		工序号	**20**	工序名称	数铣	第1页
序号	程序编号	工序内容	刀具	切削深度（相对最高点）/mm	备注	
1	O3001	粗铣底部各特征	ϕ10mm 立铣刀	Z-23		
2	O3002	精铣底面平面	ϕ10mm 立铣刀	Z0		
3	O3003	精铣 $\phi 42^{+0.007}_{-0.018}$ mm 内孔底面	ϕ10mm 立铣刀	Z-8		
4	O3004	精铣 $\phi 42^{+0.007}_{-0.018}$ mm 内孔	ϕ10mm 立铣刀	Z-8		
5	O3005	精铣 $\phi 32^{+0.039}_{0}$ mm 内孔	ϕ10mm 立铣刀	Z-23.5		
6	O3006	铣 80mm×70mm×14mm 的凸台	ϕ10mm 立铣刀	Z-14.5		
7	O3007	钻中心孔	ϕ3mm 中心钻	Z-5		

数控加工程序单		产品名称		零件名称	轴承座	共1页
		工序号	**20**	工序名称	数铣	第1页
序号	程序编号	工序内容	刀具	切削深度（相对最高点）/mm	备注	
8	O3008	钻孔 ϕ7.8mm	ϕ7.8mm 麻花钻	Z－28		
9	O3009	铰孔 2×ϕ8H7	ϕ8H7 铰刀	Z－24		
10	O3010	钻孔 ϕ6.8mm	ϕ6.8mm 麻花钻	Z－28		
11	O3011	攻 2×M8 螺纹孔	M8 丝锥	Z－24		

装夹示意图：

装夹说明：
夹紧工件，工件伸出钳口 16mm

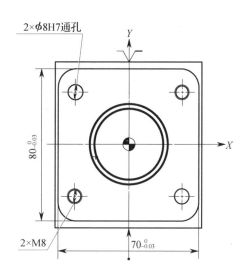

编程/日期			审核/日期	

10. 轴承座的加工

（1）装夹工件　操作方式如图 1-92 所示。

轴承座的装夹

（2）设置工件坐标系

1）启动主轴，操作步骤如图 1-93 所示。

设置工件坐标系

❶ 使用杠杆百分表校正机用平口钳，保证左右两边指针变化在0.02mm以内

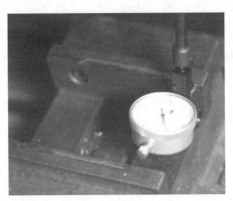

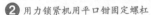

❷ 用力锁紧机用平口钳固定螺杠

❸ 安装好工件

图 1-92　装夹工件

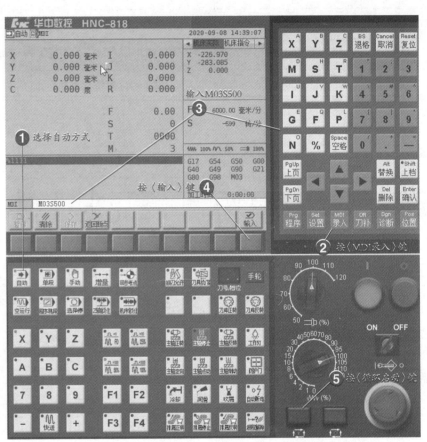

图 1-93　启动主轴

2) 设置 X 轴工件坐标系, 操作步骤如图 1-94 所示。

❶ 使用分中棒对正工件左边

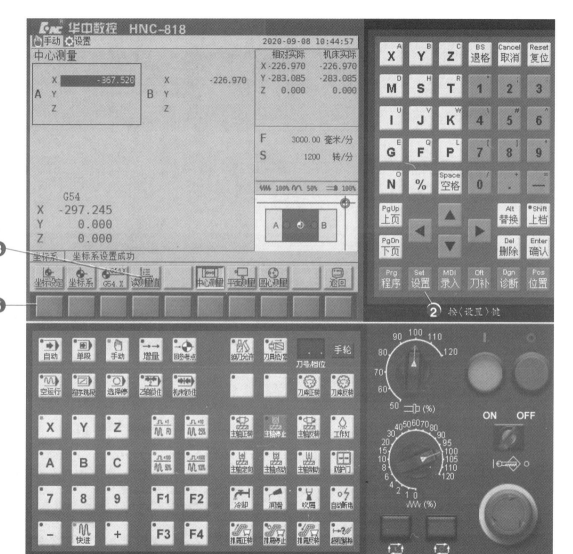

按〈读测量值〉键 ❸

按〈坐标设定〉键 ❺

❹ 使用分中棒对正工件右边

图 1-94　设置 X 轴工件坐标系

3）设置 Y 轴工件坐标系，与设置 X 轴工件坐标系方法相同。

4）设置 Z 轴工件坐标系，操作步骤如图 1-95 所示。

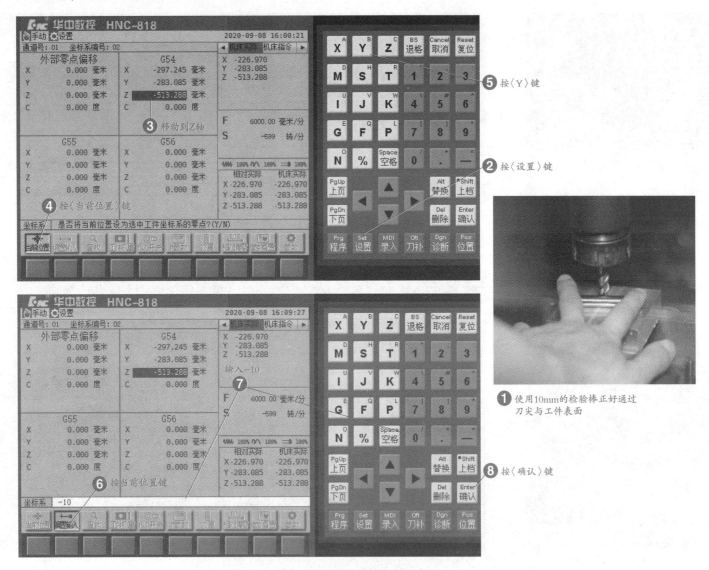

图 1-95　设置 Z 轴工件坐标系

（3）程序导入 操作步骤如图1-96所示。

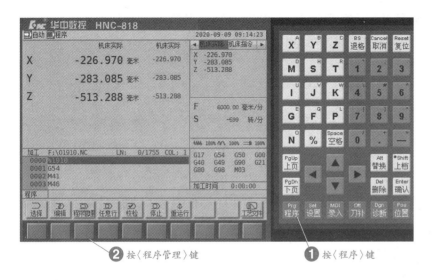

②按〈程序管理〉键 ①按〈程序〉键

③移动到NET，选择网
盘上的程序文件

按〈加载〉键④

图1-96 程序导入

（4）程序校验 操作步骤如图1-97所示。

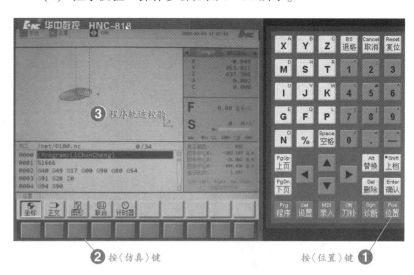

②按〈仿真〉键 按〈位置〉键①

图1-97 程序校验

（5）运行程序自动加工 操作步骤如图1-98所示。

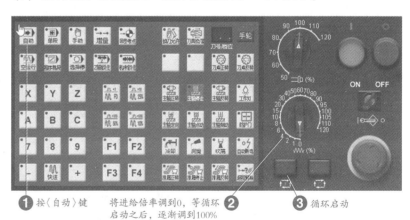

①按〈自动〉键 将进给倍率调到0，等循环②③循环启动
启动之后，逐渐调到100%

图1-98 运行程序自动加工

（6）输入刀具半径补偿　操作步骤如图1-99所示。

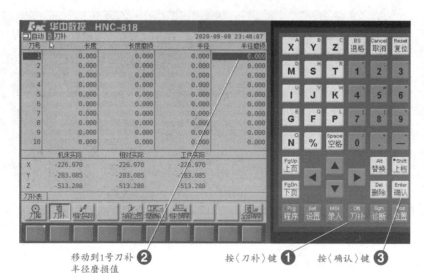

轴承座的加工

图1-99　输入刀具半径补偿

（7）运行程序自动加工

1）底面加工过程见表1-36。

表1-36　底面加工过程

序号	加工内容	图例	序号	加工内容	图例
1	粗铣底面平面、内孔、凸台		3	测量粗加工内孔尺寸并计算刀具磨损，在刀补中输入刀具磨损量	
2	精铣底面平面		4	精加工内孔	

序号	加工内容	图例	序号	加工内容	图例
5	测量粗加工凸台尺寸并计算刀具磨损，在刀补中输入刀具磨损量		9	设置 ϕ8mm 铰刀坐标系，铰 ϕ8H7 孔并使用检验棒测量	
6	精加工凸台		10	设置 ϕ6.8mm 麻花钻坐标系，钻 ϕ6.8mm 孔	
7	设置中心钻 Z 轴坐标系，钻中心孔		11	手工攻 M8 螺纹孔	
8	设置 ϕ7.8mm 麻花钻坐标系，钻 ϕ7.8mm 孔		12	设置 ϕ8mm 倒角刀坐标系，加工倒角	

以上刀具 Z 轴坐标系均设置在 G54 坐标系中，ϕ10mm 刀具半径磨损值为 D01，刀具半径磨损值输入方法见图 1 - 99

2）正面加工过程见表 1 - 37。

表 1 - 37　正面加工过程

序号	加工内容	图例	序号	加工内容	图例
1	先采用分中棒设置 X、Y 坐标，再使用杠杆百分表校准内孔垂直度，使其在 0.02mm 以内		4	精铣平面	
2	手动铣削正面平面，测量总厚度，并计算 Z 值，设置 G54 坐标系		5	精铣凸台轮廓	
3	粗铣零件正面平面、凸台等特征		6	清 R4mm 圆角及倒角	

以上刀具 Z 轴坐标系均设置在 G54 坐标系中，ϕ10mm 刀具半径磨损值为 D01，刀具半径磨损值输入方法见图 1 - 99

11. 轴承座零件自测

根据表 1-38 对轴承座进行自检，将测量数据填入表中，并对加工零件的合格性进行判定，测量图示如图 1-100 所示。

使用 25~50mm 内径千分尺测量 $\phi42^{+0.007}_{-0.018}$ mm 尺寸

使用 75~100mm 外径千分尺测量 $80^{\ 0}_{-0.03}$ mm 尺寸

使用 0~25mm 外径千分尺测量 $23^{+0.052}_{\ 0}$ mm 尺寸

图 1-100 轴承座的测量

表 1-38 轴承座自检表

零件名称	轴承座				允许读数误差	±0.007mm	
序号	项目	尺寸要求/mm	使用的量具	测量结果			项目判定
				No. 1	No. 2	No. 3	平均值	
1	内径	$\phi42^{+0.007}_{-0.018}$						合格（　　） 不合格（　　）
2	长度	$80^{\ 0}_{-0.03}$						合格（　　） 不合格（　　）
3	高度	$23^{+0.052}_{\ 0}$						合格（　　） 不合格（　　）
结论（对上述测量尺寸进行评价）		合格品（　　）　　次品（　　） 废品（　　）					
处理意见							

1.4.3　传动轴与轴承座的装配

传动轴与轴承座通过滚动轴承进行装配，滚动轴承作为一种精密部件，其精度较高，且大多数刚性较差，为保证良好的装配质量，应按照滚动轴承的装配工艺进行装配。

1. 装配准备

1）安装轴承的场地和安装工具必须清洁，以防止各种颗粒物被带入轴承内部。

2）应根据设计要求检查与轴承相配合零件的尺寸、几何公差与倒角等。不合格的零件不能使用。注意：不得将轴承作为检查相配合零件尺寸的工具。

3）清洗与轴承相配合的零件，除去锐角和毛刺。

4）对于采用润滑系统进行润滑的轴承，安装前应检查油路是否畅通，润滑油过滤装置是否有效，一般过滤精度应控制在 $3\mu m$ 以下。

5）在所有安装准备工作结束后，才能打开轴承包装，清洗轴承。

2. 安装方法

（1）安装顺序　当轴承内孔与轴颈配合较紧，外圈与壳体配合较松时，应先将轴承装在轴上，如图 1 - 101a 所示；反之，则应先将轴承压入壳体中，如图 1 - 101b 所示。如轴承内孔与轴颈配合较紧，同时外圈与壳体也配合较紧，则应将轴承内孔与外圈同时装在轴和壳体上，如图 1 - 101c 所示。

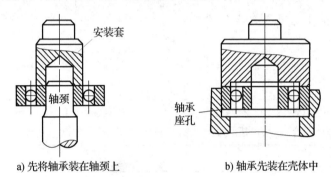

a) 先将轴承装在轴颈上　　　　b) 轴承先装在壳体中

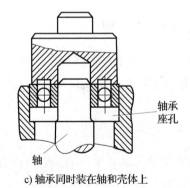

c) 轴承同时装在轴和壳体上

图 1 - 101　压入法装配滚动轴承

（2）安装施力　如将轴承安装在轴颈上时须在内圈施力，不得敲打外圈，如图 1 - 102a 所示；如将轴承安装在轴承壳时须在外圈施力，不得敲打内圈，如图 1 - 102b 所示。在施力时，必须使力与轴承轴线垂直且均匀施

力，避免打偏，打偏会使轴承受损。

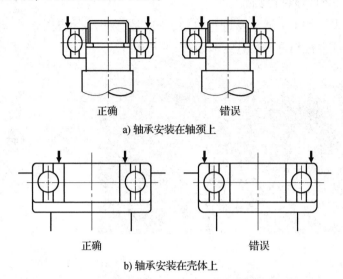

正确　　　　　　　错误

a) 轴承安装在轴颈上

正确　　　　　　　　错误

b) 轴承安装在壳体上

图 1 - 102　轴承安装施力方法

（3）安装方法

1）均匀敲入法。在配合过盈量较小而又无专用套筒时，可通过圆棒分别对称地在轴承的内环（或外环）上均匀敲击，如图 1 - 103 所示。也可通过装配套筒，用锤子敲击，如图 1 - 104 所示。但不能用铜棒等软金属敲击，因为软金属屑容易落入轴承内，也不可用锤子直接敲击轴承。敲击时，应在四周对称交替均匀地轻敲，避免因用力过大或集中在一点敲击而使轴承发生倾斜。

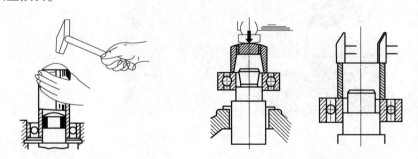

图 1 - 103　均匀敲入法装配滚动轴承　　图 1 - 104　用锤子和装配套筒装配滚动轴承

2）机压法。用杠杆齿条式或螺旋式压力机压入轴承，如图 1 – 105 所示。

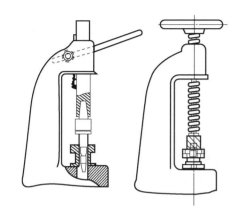

图 1 – 105　用杠杆齿条式或螺旋式压力机压装滚动轴承

　　根据本项目实际情况，轴承与传动轴和轴承座的装配顺序应是：先安装轴承与轴承座，再安装轴承与传动轴。需使用两个安装套，如图 1 – 106 所示。最终装配效果如图 1 – 107 所示。

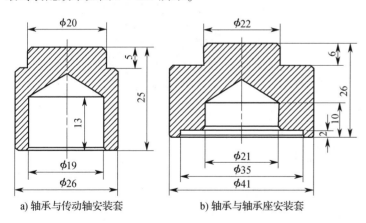

a) 轴承与传动轴安装套　　b) 轴承与轴承座安装套

图 1 – 106　安装套

图 1 – 107　装配图

1.4.4　场地复位与设备维护

　　1）根据数控机床维护手册，使用相应的工具和方法，清理铁屑、油污，并简单擦洗机床。

　　2）根据数控机床维护手册，在数控机床完成加工后进行检查整理，将气枪、手轮等部件放回原处。

　　3）根据数控机床维护手册，在数控机床完成加工后，将工具、量具、夹具、刀具及工件分类摆放整齐。

　　4）根据数控机床维护手册，使用相应的工具和方法，将机床坐标轴移动到安全位置。

　　5）检查机油泵油位，并试泵是否正常。

　　6）检查冷却系统是否工作正常，注意及时添加或更换切削液。

　　7）清扫干净工作场地。

　　8）根据数控机床维护手册和日常工作流程，完成数控机床交接班记录的填写。

1.5 项目总结

1.5.1 重点难点分析

重点：传动轴 $\phi20_{-0.002}^{+0.023}$ mm 外圆、轴承座 $\phi42_{-0.018}^{+0.007}$ mm 内孔精度的控制。

难点：传动轴调头加工时，如果采用铜片包住 $\phi50_{-0.056}^{-0.010}$ mm 外圆，会导致加工时工件滑动，不包又会夹伤工件。为了解决这个问题，需要使用一个钢套套在 $\phi50_{-0.056}^{-0.010}$ mm 外圆上，如图 1-108 所示。

使用铜片

工件滑动

由于工件滑动导致内槽车宽

直接夹紧，导致夹痕

套上钢套夹紧

图 1-108　传动轴调头加工难点的解决

1.5.2 企业加工生产

长沙某精密制造厂中等批量加工传动轴的机械加工工艺过程卡见表1-39，轴承座的机械加工工艺过程卡见表1-40。

表1-39 传动轴机械加工工艺过程卡

机械加工工艺过程卡			产品型号		6100		零件图号		6100-2000-011		
			产品名称		电机		零件名称		传动轴	共2页	第1页
材料牌号	45钢	毛坯种类	型材	毛坯外形尺寸	$\phi 30\text{mm} \times 105\text{mm}$	每件毛坯可制件数	1	每台件数	1	备注	

工序号	工序名称	工序内容	车间	工段	设备	工艺装备	工时	
							准终	单件
10	备料	备料 $\phi 30\text{mm} \times 105\text{mm}$，材料为45钢						
20	数车	车右端端面，粗、精车左端 $\phi 24_{-0.040}^{-0.007}\text{mm}$ 外圆、$R5\text{mm}$ 圆角，钻 M10 底孔 $\phi 8.5\text{mm}$ 至图样要求并倒角			CAK6140	自定心卡盘		
30	数车	车右端端面保证总长 $101 \pm 0.037\text{mm}$，粗、精车右端 $\phi 20_{+0.015}^{+0.028}\text{mm}$ 外圆至图样要求并倒角			CAK6140	自定心卡盘		
40	数铣	粗、精铣键槽			VMC850	机用平口钳		
50	钳	攻 M10 螺纹，锐边倒钝，去毛刺			钳台	台虎钳		
60	清洗	用清洁剂清洗零件						
	检验	按图样尺寸检测						

描图

描校

底图

装订号

| | | | | | | | 设计（日期） | 审核（日期） | 标准化（日期） | 会签（日期） |

| 标记 | 处数 | 更改文件号 | 签字 | 日期 | 标记 | 处数 | 更改文件号 | 签字 | 日期 |

表 1-40　轴承座机械加工工艺过程卡

机械加工工艺过程卡				产品型号		6100	零件图号		6100 - 2000 - 012		
				产品名称		电机	零件名称		轴承座	共 2 页	第 2 页
材料牌号	45 钢	毛坯种类	型材	毛坯外形尺寸	80mm×80mm ×37mm	每件毛坯可制件数	1			毛坯种类	型材

	工序号	工序名称	工序内容	车间	工段	设备	工艺装备	工时	
								准终	单件
	10	备料	备料 80×80×37mm, 材料为 45 钢						
	20	数铣	粗、精铣反面平面、76mm×76mm×34mm 的外形, 粗铣 $\phi 42^{+0.007}_{-0.018}$mm、$\phi 36$mm 内孔, 精镗 $\phi 42^{+0.007}_{-0.018}$mm、$\phi 36$mm 内孔, 钻 4×$\phi 12$mm、4×$\phi 8$mm 至图样要求并倒角			CAK6140	自定心卡盘		
	30	数铣	粗、精铣正面平面、$\phi 50$mm 圆台、12mm 宽斜十字至图样要求并倒角			CAK6140	自定心卡盘		
描图	40	钳	锐边倒钝, 去毛刺				钳台	台虎钳	
	50	清洗	用清洁剂清洗零件						
描校	60	检验	按图样尺寸检测						
底图									
							设计（日期）	审核（日期）	标准化（日期）	会签（日期）
装订号									
	标记	处数	更改文件号	签字	日期	标记	处数	更改文件号	签字	日期

项目 2

连接轴与法兰的车铣加工

2.1 项目导读

2.1.1 项目描述

湖南某机械有限责任公司接到某电器设备配件连接轴与法兰各 600 件的订单，交货期为 30 天。装配图如图 2 - 1 所示，连接轴零件图如图 2 - 2 所示，法兰零件图如图 2 - 3 所示。该公司工程师根据现有的条件已经对其进行数控加工工艺设计、生产任务分工和进度安排。

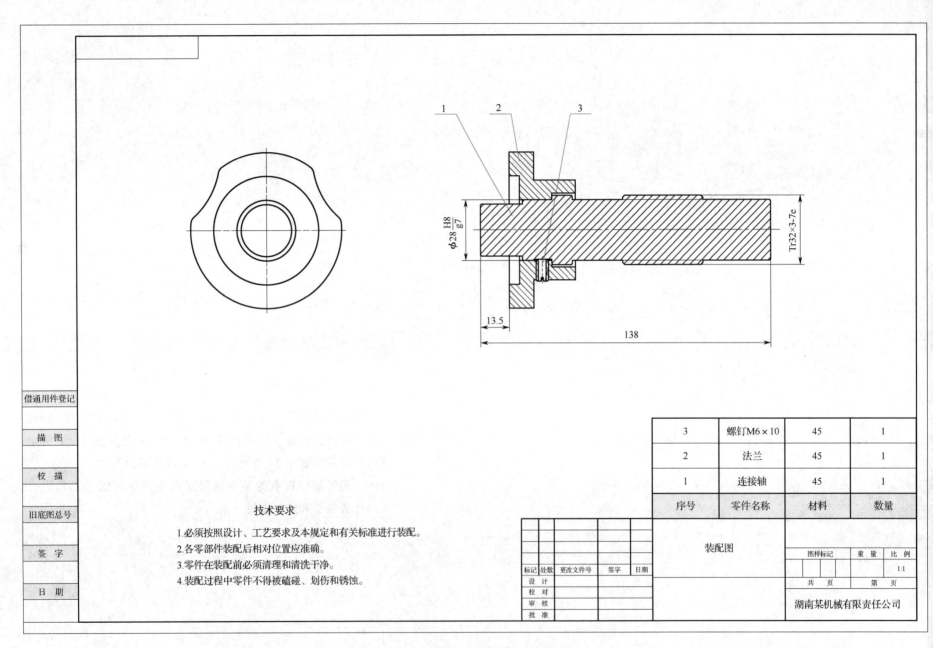

技术要求

1.必须按照设计、工艺要求及本规定和有关标准进行装配。
2.各零部件装配后相对位置应准确。
3.零件在装配前必须清理和清洗干净。
4.装配过程中零件不得被磕碰、划伤和锈蚀。

借通用件登记
描 图
校 描
旧底图总号
签 字
日 期

3	螺钉M6×10	45	1
2	法兰	45	1
1	连接轴	45	1
序号	零件名称	材料	数量

					装配图			
						图样标记	重量	比例
								1:1
标记	处数	更改文件号	签字	日期				
设 计						共 页		第 页
校 对								
审 核						湖南某机械有限责任公司		
批 准								

图2-1 装配图

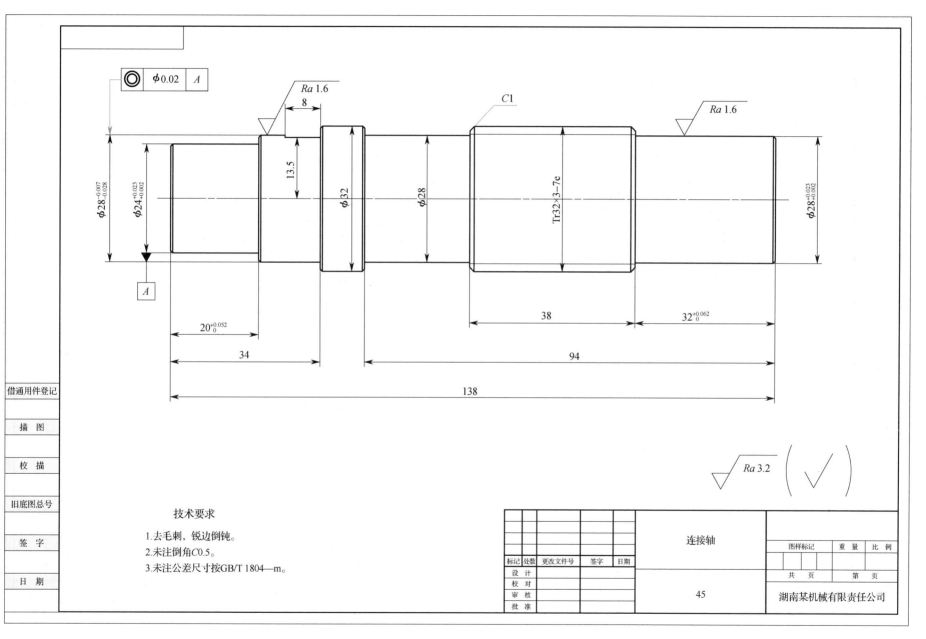

$\phi 0.02$ | A

Ra 1.6

8

C1

Ra 1.6

$\phi 28^{-0.007}_{-0.028}$

$\phi 24^{+0.023}_{+0.002}$

13.5

$\phi 32$

$\phi 28$

Tr32×3−7e

$\phi 28^{+0.023}_{+0.002}$

A

$20^{+0.052}_{0}$

34

38

$32^{+0.062}_{0}$

94

138

$\sqrt{Ra\ 3.2}$ ($\checkmark$)

技术要求

1.去毛刺，锐边倒钝。

2.未注倒角C0.5。

3.未注公差尺寸按GB/T 1804—m。

连接轴

图样标记		重量	比例

标记	处数	更改文件号	签字	日期
设 计				
校 对				
审 核				
批 准				

共 页　第 页

45

湖南某机械有限责任公司

借通用件登记

描 图

校 描

旧底图总号

签 字

日 期

图2−2　连接轴零件图

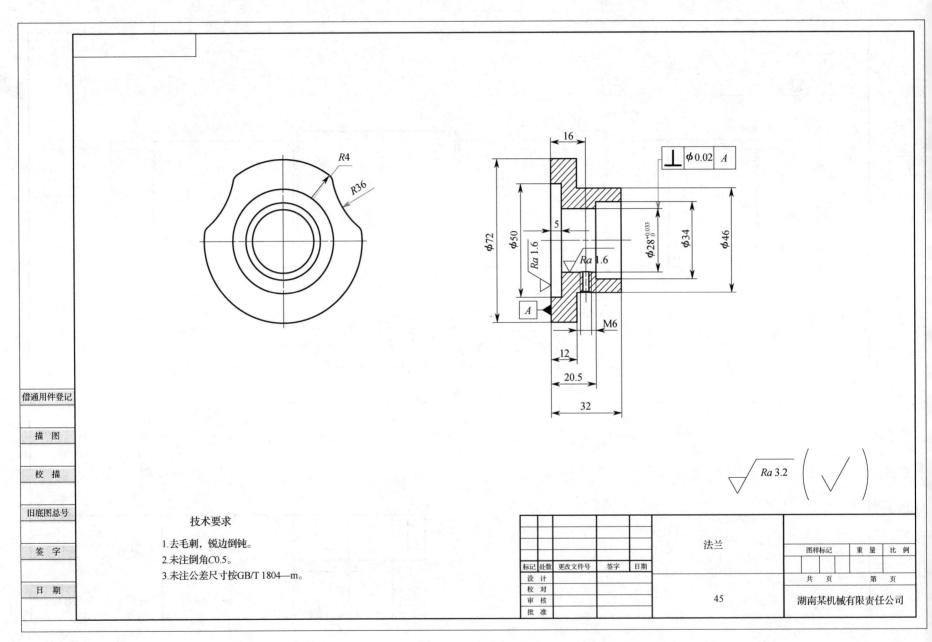

技术要求

1.去毛刺，锐边倒钝。

2.未注倒角C0.5。

3.未注公差尺寸按GB/T 1804—m。

标记	处数	更改文件号	签字	日期	法兰		图样标记	重量	比例
设　计									
校　对							共　页		第　页
审　核					45				
批　准							湖南某机械有限责任公司		

图2-3　法兰零件图

2.1.2 企业工程师分析

该公司聘请湖南省技能大师夏旺作为本批产品工艺工程师，为生产做指导，经夏大师分析，如图 2-1~图 2-3 所示装配图、连接轴与法兰的各几何元素之间关系明确，尺寸标注完整、正确，加工精度能达到设计精度要求，无须再与甲方进行沟通更改。连接轴与法兰直接进行装配，连接轴 $\phi28_{-0.028}^{-0.007}$mm 轴颈尺寸公差等级为 IT7、表面粗糙度值为 $Ra1.6\mu m$、$\phi28_{-0.028}^{-0.007}$mm 轴颈与 $\phi24_{+0.002}^{+0.023}$mm 外圆同轴度为 $\phi0.02$mm；法兰零件 $\phi28_{0}^{+0.033}$mm 配合孔尺寸公差等级为 IT8、表面粗糙度值为 $Ra1.6\mu m$、孔的轴线与底面的垂直度为 0.02mm，要求较高，加工也较难。

为保证上述加工精度，采用基准先加工的原则，连接轴 $\phi28_{-0.028}^{-0.007}$mm 轴颈加工好之后调头加工，必须用百分表校准保证同轴度要求。

本次订单产品的数量为 600 件，生产类型为中批生产（生产类型的判断，参考生产纲领的介绍，提供二维码），根据本厂现有条件，加工所选用的机床设备、工量夹具、刀具见表 2-1，机械加工工艺路线见表 2-2 和表 2-3，法兰零件预计单件 1h 完成一件，连接轴预计单件 40min 完成一件，生产小组分工及生产进度见表 2-4。

表 2-1 工具清单

序号	名称	规格及型号	数量
1	加工中心	VMC650	2
2	数控车床	CAK6150	2
3	台钻		1
4	自定心卡盘	$\phi250$mm	2
5	机用虎钳	TZ250	2
6	钻夹头	按机床配套规格	2
7	回转顶尖	按机床配套规格	2
8	游标卡尺	0~200mm	2
9	外径千分尺	0~25mm，25~50mm，50~70mm，70~100mm	各2

（续）

序号	名称	规格及型号	数量
10	内测千分尺	5~25mm，25~50mm	各2
11	深度千分尺	0~25mm	各2
12	车刀	外圆车刀、外螺纹车刀	各2
13	铣刀	$\phi10$mm、$\phi8$mm 硬质合金立铣刀，$\phi3$mm 中心钻，$\phi5$mm 麻花钻，M6 丝锥	各2

表 2-2 机械加工工艺路线（连接轴）

工序号	工序内容	定位基准
10	粗、精车左端面	毛坯右端面、外圆
20	粗、精车左端外圆	毛坯右端面、外圆
30	调头粗、精车右端面	左端面、$\phi32$mm 外圆
40	钻中心孔、安装回转顶尖	左端面、$\phi32$mm 外圆
50	粗、精车右端外圆	左端面、$\phi24_{+0.002}^{+0.023}$mm 外圆
60	粗、精车 Tr32×3 外螺纹	左端面、$\phi24_{+0.002}^{+0.023}$mm 外圆
70	铣 8mm 槽	连接轴中心线

表 2-3 机械加工工艺路线（法兰）

工序号	工序内容	定位基准
10	粗、精车右端面	毛坯左端面、外圆
20	钻 $\phi22$mm 底孔	毛坯左端面、外圆
30	车 $\phi46$mm 外圆	毛坯左端面、外圆
40	粗、精镗 $\phi34$mm、$\phi28_{0}^{+0.033}$mm 内孔	毛坯左端面、外圆
50	调头粗、精车左端面	右端面、$\phi46$mm 外圆
60	镗 $\phi50$mm 内孔	右端面、$\phi46$mm 外圆
70	铣凸轮外形	右端面、$\phi46$mm 外圆
80	钻侧面 M5 底孔和攻螺纹	左、右端面

表2-4　生产小组分工及生产进度

岗位	姓名	岗位任务	生产进度
生产组长	李某	（1）根据生产计划进行生产，保质保量完成生产任务，提升品质合格率，降低物料制程损耗，提高效率，达到客户要求 （2）现场管理、维护车间秩序及各项规章制度，推进5S进程 （3）生产过程出现异常及时向上级领导反馈并处理	全面调度，按计划时间内完成交货
数控工艺编程员	张某	（1）负责数控加工工艺文件的编制 （2）负责数控设备程序的编制及调试 （3）负责汇总数控机床加工的各种工艺文件和切削参数 （4）负责生产所需物资的申报及汇总	首日完成工艺的制定与编程及首件生产，根据加工情况及时优化
机床操作员	范某	（1）负责按工艺文件要求，操作数控铣床完成零件铣削工序 （2）按品质管理的检测频度对产品进行质量检验 （3）调整、控制铣削加工部分的产品质量	每日完成20套
质量检测员	刘某	（1）负责按产品的技术要求对产品质量进行检验和入库 （2）提出品质管理的建议和意见 （3）说明产品生产中质量控制点和经常出现的质量问题	早上首检、按时完成批量检测

连接轴与法兰车铣加工任务描述

2.2　项目转化

2.2.1　任务描述

项目任务根据湖南某机械有限责任公司接到某电器设备配件连接轴与法兰的订单，将零件的功能与特征进行考题转化，对应的工作任务和职业技能要求考核点见表2-5，转化图样如图2-4~图2-6所示，并根据考试现场操作的方式，完成以下考核任务。详细考核任务书见附录B。

表2-5　工作任务和职业技能要求考核点

工作领域	工作任务	主要职业技能要求
数控编程	1. 加工工艺文件的编制 2. 车削件数控编程 3. 铣削件数控编程	（1）编制数控加工工序卡、数控加工刀具卡、数控加工程序卡 （2）编制凸台、型腔、钻孔、铰孔、镗孔、攻螺纹数控铣削程序 （3）编制细长轴的外圆、内孔、外螺纹、退刀槽数控车削程序
数控加工	1. 加工准备 2. 车铣配合件的加工 3. 零件加工精度检测与装配	（1）完成半成品零件的凸台、钻孔、镗孔、螺纹孔的数控铣削加工 （2）完成细长轴的外圆、内孔、外螺纹、退刀槽的数控车削加工 （3）完成零件精度检测与装配
数控机床维护	数控机床故障处理	根据数控系统的提示，使用相应的工具和方法，完成数控车床润滑油过低、气压不足、软限位超程、电柜门未关、刀库、刀架电动机过载等一般故障处理

1. 职业素养（8分）

2. 根据机械加工工艺过程卡，完成指定零件的机械加工工序卡（附表B-4）、数控加工刀具卡（附表B-5）、数控加工程序单（附表B-6）（12分）

3. 零件编程及加工（80分）

1）按照任务书要求，完成零件的加工（70分）。

2）根据自检表完成零件部分尺寸的自检（5分）。

3）按照任务书完成零件的装配（5分）。

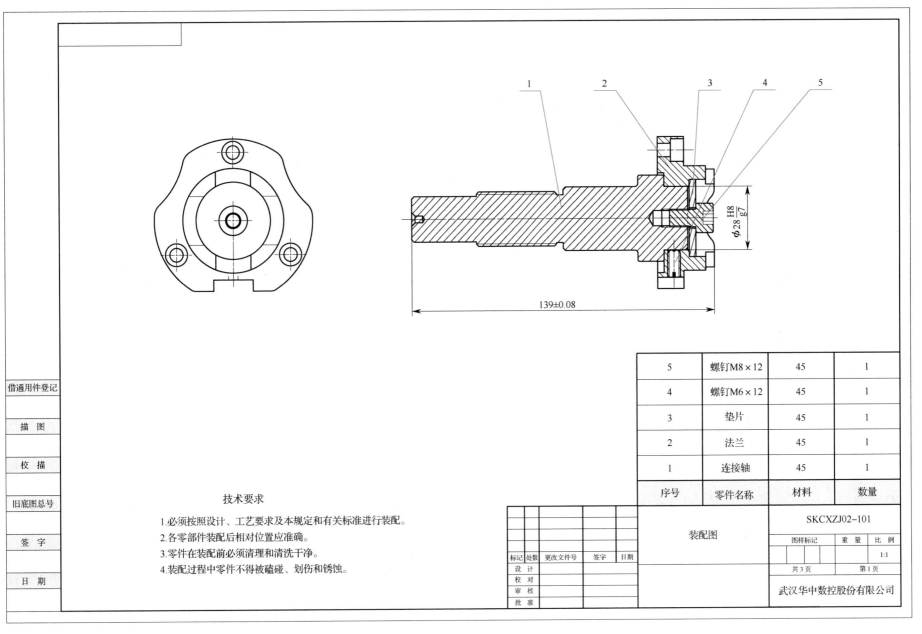

5	螺钉M8×12	45	1
4	螺钉M6×12	45	1
3	垫片	45	1
2	法兰	45	1
1	连接轴	45	1
序号	零件名称	材料	数量

借通用件登记

描　图

校　描

旧底图总号

签　字

日　期

技术要求

1.必须按照设计、工艺要求及本规定和有关标准进行装配。
2.各零部件装配后相对位置应准确。
3.零件在装配前必须清理和清洗干净。
4.装配过程中零件不得被磕碰、划伤和锈蚀。

装配图		SKCXZJ02-101		
		图样标记	重量	比例
				1:1
标记 处数 更改文件号 签字 日期		共3页		第1页
设　计				
校　对		武汉华中数控股份有限公司		
审　核				
批　准				

图2-4　装配图

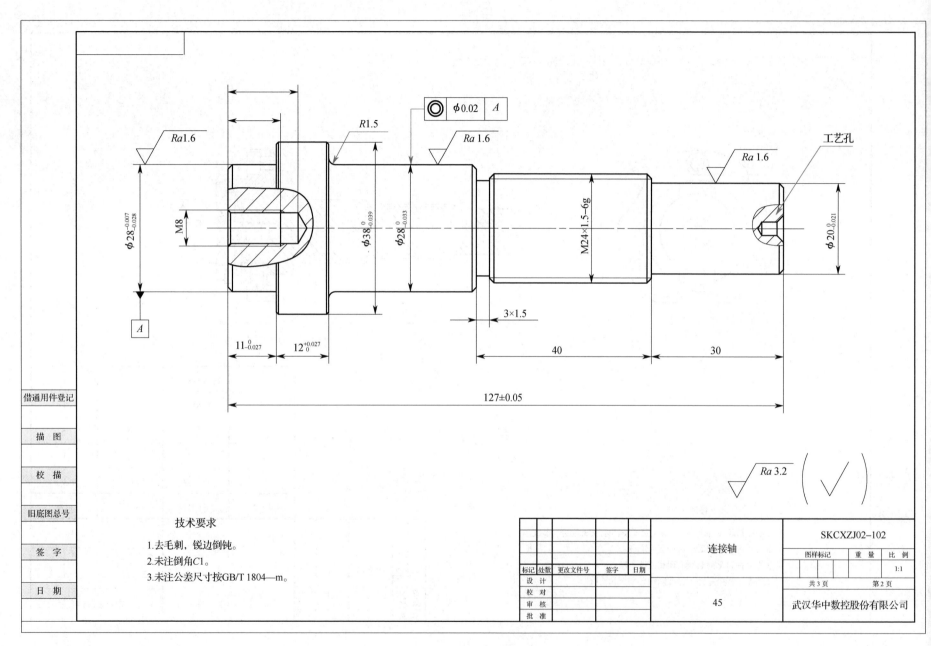

技术要求

1.去毛刺，锐边倒钝。

2.未注倒角C1。

3.未注公差尺寸按GB/T 1804—m。

					连接轴	SKCXZJ02–102		
						图样标记	重量	比例
标记	处数	更改文件号	签字	日期				1:1
设 计						共 3 页		第 2 页
校 对					45			
审 核						武汉华中数控股份有限公司		
批 准								

借通用件登记

描 图

校 描

旧底图总号

签 字

日 期

图2-5 连接轴零件图

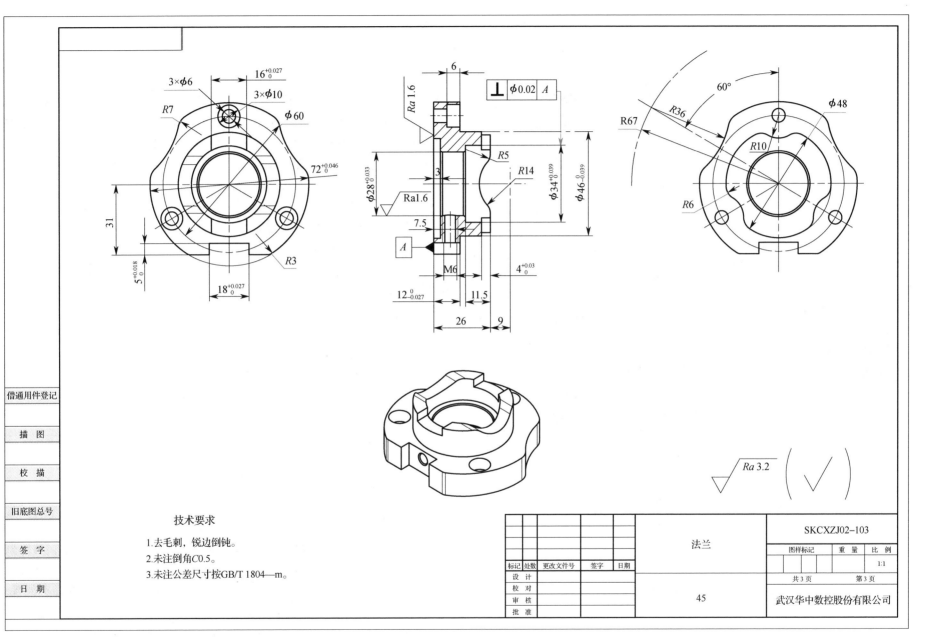

技术要求

1.去毛刺，锐边倒钝。

2.未注倒角C0.5。

3.未注公差尺寸按GB/T 1804—m。

						法兰		SKCXZJ02–103		
								图样标记	重 量	比 例
										1:1
标记	处数	更改文件号	签字	日期				共 3 页	第 3 页	
设 计										
校 对					45					
审 核							武汉华中数控股份有限公司			
批 准										

图2–6　法兰零件图

借通用件登记

描 图

校 描

旧底图总号

签 字

日 期

2.2.2 任务流程图

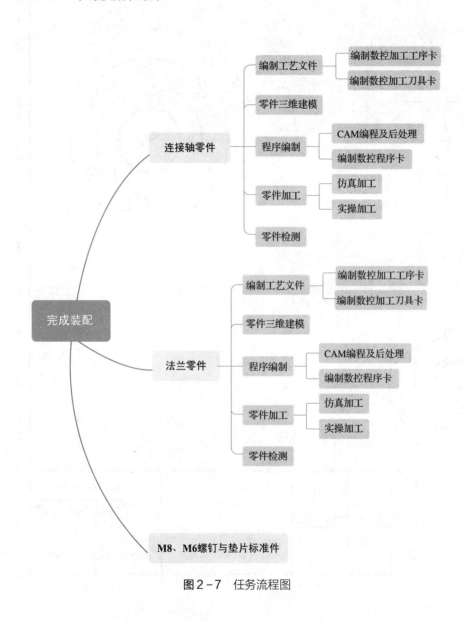

图2-7 任务流程图

2.3 项目准备

2.3.1 零件图的识读

图2-5 所示的连接轴零件表面主要由外圆、外螺纹、退刀槽等特征构成，外圆轮廓由直线和圆弧组成，各几何元素之间关系明确，尺寸标注完整、正确。其中外圆 $\phi 20_{-0.021}^{0}$ mm 的尺寸公差等级为IT7，表面粗糙度值为 $Ra1.6\mu m$，表面质量要求较高；外圆 $\phi 28_{-0.033}^{0}$ mm 和 $\phi 38_{-0.039}^{0}$ mm 的尺寸公差等级为 IT8，表面粗糙度值为 $Ra1.6\mu m$，表面质量要求也较高；中间 $\phi 28_{-0.033}^{0}$ mm 外圆相对左端 $\phi 28_{-0.028}^{-0.007}$ mm 外圆（基准 A）有同轴度要求。零件材料为 45 钢，切削加工性能较好，无热处理要求。

图2-6 所示的法兰零件表面主要由台阶面、圆柱凸台、圆弧面、开口槽、孔等特征构成，各几何元素之间关系明确，尺寸标注完整、正确。其中 $\phi 28_{0}^{+0.033}$ mm、$16_{0}^{+0.027}$ mm、$18_{0}^{+0.027}$ mm、$5_{0}^{+0.018}$ mm、$12_{-0.027}^{0}$ mm、$\phi 34_{0}^{+0.039}$ mm、$\phi 46_{-0.039}^{0}$ mm、$\phi 72_{0}^{+0.046}$ mm 的尺寸公差等级为 IT8，尺寸精度要求较高；$\phi 34$ mm 孔轴线对底面（基准 A）有垂直度要求。零件材料为 45 钢，切削加工性能较好，无热处理要求。图2-7 所示为任务流程图。

根据上述识图分析，填写表2-6 与表2-7。

表2-6 连接轴零件图分析

项目	项目内容
零件名称	连接轴
零件材料	45
加工数量	1
重要尺寸公差	$\phi 20_{-0.021}^{0}$ mm 外圆、$\phi 28_{-0.033}^{0}$ mm 外圆、$\phi 38_{-0.039}^{0}$ mm 外圆、$11_{-0.027}^{0}$ mm 长度、$12_{0}^{+0.027}$ mm 长度
重要尺寸几何公差	中间 $\phi 28_{-0.033}^{0}$ mm 外圆与左端 $\phi 28_{-0.033}^{0}$ mm 外圆同轴度为 $\phi 0.02$ mm
重要表面粗糙度值	$\phi 20_{-0.021}^{0}$ mm 外圆、$\phi 28_{-0.028}^{-0.007}$ mm 外圆、$\phi 28_{-0.033}^{0}$ mm 外圆、$\phi 38_{-0.039}^{0}$ mm 外圆
零件加工难点	$\phi 20_{-0.021}^{0}$ mm 外圆、$\phi 28_{-0.033}^{0}$ mm 外圆、M24×1.5-6g

表 2-7 法兰零件图分析

项目	项目内容
零件名称	法兰
零件材料	45
加工数量	1
重要尺寸公差	$\phi 28_{0}^{+0.033}$ mm、$16_{0}^{+0.027}$ mm、$18_{0}^{+0.027}$ mm、$5_{0}^{+0.018}$ mm、$12_{-0.017}^{0}$ mm、 $\phi 34_{0}^{+0.039}$ mm、$\phi 46_{-0.039}^{0}$ mm、$\phi 72_{0}^{+0.046}$ mm
重要尺寸几何公差	$\phi 34_{0}^{+0.039}$ mm 与基准面 A 的垂直度为 $\phi 0.02$ mm
重要表面粗糙度值	基准面 A、$\phi 28_{0}^{+0.021}$ mm 内孔表面
零件加工难点	$\phi 28_{0}^{+0.033}$ mm 内孔、$\phi 34_{0}^{+0.039}$ mm 内孔、$\phi 34_{0}^{+0.039}$ mm 与基准面 A 的垂直度为 $\phi 0.02$ mm

2.3.2 加工工艺文件的识读

根据数控加工工艺划分的原则,从连接轴零件图中可以看出 $\phi 28_{-0.028}^{-0.007}$ mm 外圆为设计基准,表面粗糙度值 $Ra1.6\mu m$,$\phi 28_{-0.028}^{-0.007}$ mm 外圆与 $\phi 28_{-0.033}^{0}$ mm 外圆有同轴度 $\phi 0.02$ mm 要求,表面粗糙度值同为 $Ra1.6\mu m$,因此按照基准先行、先粗后精、先主后次的加工顺序,先加工左端,再加工右端。制定连接轴的机械加工工艺过程卡,见表 2-8。

表 2-8 连接轴机械加工工艺过程卡

零件名称	传动轴	机械加工工艺过程卡	毛坯种类	棒料	共 1 页
			材料	45 或 2A12	第 1 页
工序号	工序名称	工序内容		设 备	工艺装备
10	备料	备料 $\phi 40 \times 132$ mm,材料为 45 或 2A12			
20	数控车削	车左端面,粗、精车左端 $\phi 28_{-0.028}^{-0.007}$ mm 和 $\phi 38_{-0.039}^{0}$ mm 外圆至图样尺寸要求及倒角,钻 M8 的底孔		CAK6140	自定心卡盘
30	数控车削	车右端面,保证总长（$127_{0}^{+0.05}$）mm,粗、精车右端 $\phi 20_{-0.021}^{0}$ mm、$\phi 28_{-0.033}^{0}$ mm 外圆,3mm×1.5mm 的槽,M24×1.5 的螺纹至图样尺寸要求及倒角		CAK6140	自定心卡盘
40	攻螺纹	手动攻螺纹 M8			
50	钳工	锐边倒钝,去毛刺		钳台	台虎钳
60	清洁	用清洁剂清洗零件			
70	检验	按图样尺寸检测			
编制		日期		审核	日期

从法兰零件图中可以看出 A 面为设计基准，表面粗糙度值为 $Ra1.6\mu m$，$\phi34^{+0.039}_{0}$ mm 的孔与 A 面有垂直度为 0.02mm，表面粗糙度值为 $Ra1.6\mu m$。因此按照先面后孔、先粗后精、先主后次的加工顺序，应选用先粗铣、后精铣的加工方式先铣削加工 A 面，A 面加工好之后选用先粗铣、后精铣（或精镗）的加工方式加工 $\phi34^{+0.039}_{0}$ mm 孔，然后粗、精铣其轮廓；A 面加工完成后以此面为基准加工其余轮廓。先加工上平面，并在一次装夹中同时完成台阶面及其轮廓和各孔的粗、精加工，保证轮廓、孔和上平面的位置要求。法兰机械加工工艺过程卡见表 2-9。

表 2-9　法兰机械加工工艺过程卡

零件名称	法兰	机械加工工艺过程卡		毛坯种类	方料	共 1 页
				材料	45 或 2A12	第 1 页
工序号	工序名称	工序内容			设备	工艺装备
10	备料	备料 $\phi75$mm×30mm，材料为 45 或 2A12				
20	数控铣削	粗、精铣工件反面平面、$\phi72^{+0.046}_{0}$ mm 的外形轮廓、$\phi48$mm 内轮廓至图样要求			VMC850 加工中心	自定心卡盘
30	数控铣削	粗、精铣工件正面 $\phi46^{0}_{-0.039}$ mm 的圆台、$\phi34^{+0.039}_{0}$ mm、$\phi28^{+0.033}_{0}$ mm 的内孔，$16^{+0.027}_{0}$ mm 宽的开口槽，$R14$mm 的曲面，钻 $\phi6$ 和 $\phi10$mm 的孔至图样要求及倒角			VMC850 加工中心	自定心卡盘
40	数控铣削	铣侧面的开口槽，钻 M6 的底孔并攻螺纹				机用虎钳
50	钳工	锐边倒钝，去毛刺			钳台	台虎钳
60	清洁	用清洁剂清洗零件				
70	检验	按图样尺寸检测				
编制		日期		审核		日期

2.3.3　环境与设备

实施本项目所需的设备和辅助工量器具见表 2-10。

表 2-10　设备和辅助工量器具

序号	名称	简图	型号/规格	数量	序号	名称	简图	型号/规格	数量
1	加工中心		机床行程：X850mm，Y550mm，Z500mm；最高转速：8000r/min；系统：HNC-818D	1	2	数控车床		机床行程：X280mm，Z750mm；最大回转直径：500mm；系统：HNC-818A	1

序号	名称	简图	型号/规格	数量	序号	名称	简图	型号/规格	数量
3	自定心卡盘		TZ－250	1	7	游标深度卡尺		0.01mm	1
4	机用虎钳		TZ－250	1	8	百分表与表座		0.01mm	1
5	游标卡尺		0～25mm，25～50mm，50～75mm，75～100mm	各1	9	回转顶尖			1
6	千分尺		0.02mm	1	10	钻夹头			1

1. 安全文明生产

数控车床安全文明生产和操作规程、数控铣床安全文明生产和操作规程见附录 C, 表 2 - 11 列举了安全文明生产和操作规程的正确操作方式、禁止与违规行为。

表 2 - 11　安全文明生产和操作规程的正确操作方式、禁止与违规行为

序号	正确操作方式	禁止、违规行为	序号	正确操作方式	禁止、违规行为
			3	开机后低速预热机床 2 ~ 3min	
			4	检查润滑系统, 并及时加注润滑油	
			5	将调整刀具、夹具所用的工具放回工具箱	调整刀具、夹具所用的工具遗忘在机床内
1	操作时须穿好工作服、安全鞋, 戴好工作帽及防护镜	禁止穿拖鞋进入车间、戴手套操作机床	6	启动机床前, 必须关好机床防护门	机床运行时打开机床防护门
			7	车床在运转中, 操作者不得离开岗位	在车床运转中操作者编程
			8	禁止用手或其他任何方式接触正在旋转的主轴、工件或其他运动部位	
2	机床周围无其他物件, 操作空间足够大	机床周围放置障碍物	9	铁屑必须要用铁钩子或毛刷来清理	用手接触刀尖和铁屑
			10	关机时, 依次关闭机床操作面板上的电源和总电源	直接关总电源

2. 机床准备

1）根据数控机床日常维护手册，使用相应的工具和方法，对机床外接电源、气源进行检查，并根据异常情况，及时通知专业维修人员检修。

2）根据数控机床日常维护手册，使用相应的工具和方法，对液压系统、润滑系统、冷却系统等的油液进行检查，并完成油品及切削液的正确加注。

3）根据数控机床日常维护手册，使用相应的工具和方法，对机床主轴上的刀具装夹系统进行检查，并根据异常情况，及时通知专业维修人员检修。

4）根据加工装夹要求，使用相应的工具和方法，对工件的装夹进行检查，完成调整或重新装夹以符合要求。

5）根据数控机床日常维护手册，使用相应的工具和方法，完成加工前机床防护门窗、拉板、行程开关等的检查，如有异常情况，能及时通知专业维修人员检修。

6）根据数控机床日常维护手册，机床开始工作前要有预热，每次开机应低速运行3~5min，查看各部分运转是否正常。机床运行应遵循先低速、中速，再高速的原则，其中低速、中速运行时间不得少于3min。当确定无异常情况后，方可开始工作。

3. 刀具准备

1）按照数控加工刀具卡准备刀具及刀柄，如图2-8所示。

图2-8　刀具的准备

2）检查刀具及切削刃是否磨损及损坏并清洁。

3）检查刀柄、卡簧是否损坏并清洁，确保能与刀具、机床准确装配。

4）根据现场位置将刀具摆放整齐。

4. 量具准备

1）按照机械加工工艺过程卡准备量具，如图2-9所示，量具清单见表2-12。

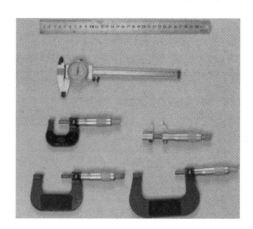

图2-9　量具的准备

表2-12　量具清单

序号	名称	规格	数量
1	钢直尺	0~300mm	1
2	带表游标卡尺	0~150mm	1
3	外径千分尺	0~25mm、25~50mm、50~75mm、75~100mm	各1
4	内测千分尺	5~30mm	1

2）检查量具是否损坏。

3）检查或校准量具零位。

4）根据现场位置将量具摆放整齐。

5. 夹具准备

1）按照机械加工工艺过程卡准备夹具及安装工具，如图 2 - 10 所示，清单见表 2 - 10。

2）检查夹具是否损坏并清洁。

图 2 - 10　夹具及安装工具的准备

2.3.4　考核标准与评分标准

1. 职业素养（表 2 - 13，附评分标准细则）

表 2 - 13　数控车铣加工职业技能等级标准（中级）评分表——职业素养

试题编号				考生代码			配分	8
场次			工位编号		工件编号		成绩小计	
序号	考核项目	评分标准						得分
1	职业与操作规范（共8分）	1）按正确的顺序开关机床，关机时铣床工作台、车床刀架停放在正确的位置（0.5分）						
		2）检查与保养机床润滑系统（0.5分）						
		3）正确操作机床及排除机床软故障（0.5分）						
		4）正确使用自定心卡盘扳手、加力杆安装车床工件（0.5分）						
		5）清洁铣床工作台与夹具安装面（0.5分）						
		6）正确地安装和校准平口钳、卡盘等夹具（1分）						
		7）正确地安装车床刀具，刀具伸出长度合理，校准中心高度，禁止使用加力杆（0.5分）						
		8）正确地安装铣床刀具，刀具伸出长度合理，清洁刀具与主轴的接触面（1分）						
		9）合理使用辅助工具（寻边器、分中棒、百分表、对刀仪、量块等）完成工作坐标系的设置（0.5分）						
		10）工具、量具、刀具按规定位置正确摆放（0.5分）						
		11）按要求穿戴安全防护用品（工作服、安全鞋、防护镜）（1分）						
		12）完成加工之后，清扫机床及周边环境（0.5分）						
		13）机床开机和完成加工后按要求对机床进行检查并做好记录（0.5分）						
							扣分	

序号	考核项目	评分标准	得分
2	安全文明生产（5分，此项违反扣分，扣完为止）	1）机床加工过程中工件掉落（1分）	
		2）加工中不关闭防护门（1分）	
		3）刀具非正常损坏（每次扣0.5分）	
		4）发生轻微机床碰撞事故（2.5分）	
		5）如发生重大事故（人身和设备安全事故等）、严重违反工艺原则和情节严重的操作、违反考场纪律等由考评员组决定取消资格	
		合计	

考评员签字：　　　　　　　　　　考生签字：

2. 工艺文件（表2-14）

表2-14　数控车铣加工职业技能等级标准（中级）评分表——工艺文件

试题编号			考生代码			配分	12
场次		工位编号		工件编号		成绩小计	
序号	考核项目	评分标准					得分
1	数控加工工序卡（6分）	1）工序卡表头信息（1分）					
		2）根据机械加工工艺过程卡编制工序卡工步，缺一个工步扣0.5分（共2.5分）					
		3）工序卡工步切削参数合理，一项不合理扣0.5分（共2.5分）					
2	数控加工刀具卡（3分）	1）数控加工刀具卡表头信息（0.5分）					
		2）每个工步刀具参数合理，一项不合理扣0.5分（共2.5分）					
3	数控加工程序单（3分）	1）数控加工程序单表头信息（0.5分）					
		2）每个程序对应的内容正确，一项不合理扣0.5分（共2分）					
		3）装夹示意图及安装说明（0.5分）					
		合计					

考评员签字：　　　　　　　　　　审核：

3. 零件加工质量（附评分标准细则）

表 2-15 ~ 表 2-17 分别为连接轴零件、法兰零件的数控车铣加工职业技能等级标准（中级）评分表及零件自检表。

表 2-15 数控车铣加工职业技能等级标准（中级）评分表——连接轴零件

试题编号				考生代码				配分		33	
场次			工位编号			工件编号		成绩小计			
序号	配分	尺寸类型	公称尺寸	上极限偏差/mm	下极限偏差/mm	上极限尺寸/mm	下极限尺寸/mm	实际尺寸	得分	备注	
A-主要尺寸											
1	3	ϕ	28mm	-0.007	-0.028	27.993	27.972				
2	2	ϕ	38mm	0	-0.039	38	37.961				
3	2	ϕ	28mm	0	-0.033	28	27.967				
4	2	ϕ	20mm	0	-0.021	20	19.979				
5	2	L	11mm	0	-0.027	11	10.973				
6	2	L	12mm	+0.027	0	12.027	12				
7	1.5	L	127mm	+0.05	-0.05	127.05	126.95				
8	1	L	12mm	+0.2	-0.2	12.2	11.8				
9	1	L	16mm	+0.2	-0.2	16.2	15.8				
10	1	L	40mm	+0.2	-0.2	40.2	39.8				
11	1	L	30mm	+0.2	-0.2	30.2	29.8				
12	1	L	3mm	+0.2	-0.2	3.2	2.8				
13	1	R	1.5mm	+0.2	-0.2	1.7	1.3				
14	2	螺纹	M24×1.5-6g								
15	2	螺纹孔	M8								
16	1	倒角	C1								
B-几何公差											
1	2	同轴度	ϕ0.02mm	0	0.00	0.02	0.00				
C-表面粗糙度											
1	3	表面粗糙度	$Ra1.6\mu m$	0	0	1.6	0				
2	2.5	表面粗糙度	$Ra3.2\mu m$	0	0	3.2	0				
总计											
检测考评员签字											

表 2-16 数控车铣加工职业技能等级标准（中级）评分表——法兰零件

试题编号				考生代码				配分		**47**
场次			工位编号			工件编号		成绩小计		
序号	配分	尺寸类型	公称尺寸	上极限偏差/mm	下极限偏差/mm	上极限尺寸/mm	下极限尺寸/mm	实际尺寸	得分	备注
A-主要尺寸										
1	3	ϕ	28mm	+0.033	0	28.033	28			
2	3	ϕ	34mm	+0.039	0	34.039	34			
3	3	ϕ	46mm	0	-0.039	46	45.961			
4	2	L	12mm	0	-0.027	12	11.973			
5	2	L	4mm	+0.03	0	4.03	4			
6	1	L	11.5mm	+0.2	-0.2	11.7	11.3			
7	1	L	26mm	+0.2	-0.2	26.2	25.8			
8	1	L	9mm	+0.2	-0.2	9.2	8.8			
9	1	L	7.5mm	+0.2	-0.2	7.7	7.3			
10	1	L	6mm	+0.2	-0.2	6.2	5.8			
11	1	R	5mm	+0.2	-0.2	5.2	4.8			
12	1	R	14mm	+0.2	-0.2	14.2	13.8			
13	1	ϕ	10mm	+0.2	-0.2	10.2	9.8			
14	1	ϕ	6mm	+0.2	-0.2	6.2	5.8			
15	0.5	ϕ	60mm	+0.2	-0.2	60.2	59.8			
16	2	ϕ	72mm	+0.046	0	72.046	72			
17	2	L	5mm	+0.018	0	5.018	5			
18	2	L	18mm	+0.027	0	18.027	18			
19	2	L	16mm	+0.027	0	16.027	16			
20	0.5	L	31mm	+0.2	-0.2	31.2	30.8			
21	1	R	7mm	+0.2	-0.2	7.2	6.8			
22	1	R	3mm	+0.2	-0.2	3.2	2.8			
23	1	R	10mm	+0.2	-0.2	10.2	9.8			
24	1	R	6mm	+0.2	-0.2	6.2	5.8			
25	1	R	36mm	+0.2	-0.2	36.2	35.8			
26	1	ϕ	48mm	+0.2	-0.2	48.2	47.8			

项目 1

项目 2

项目 3

附录

序号	配分	尺寸类型	公称尺寸	上极限偏差/mm	下极限偏差/mm	上极限尺寸/mm	下极限尺寸/mm	实际尺寸	得分	备注
B-几何公差										
1	2	垂直度	0.02mm			0.02				
C-表面粗糙度										
1	3	表面粗糙度	$Ra1.6\mu m$			1.6				
2	2	表面粗糙度	$Ra3.2\mu m$			3.2				
D-装配										
1	3	装配								
总计										
考评员签字										

表 2-17　数控车铣加工职业技能等级标准（中级）评分表——零件自检

试题编号			考生代码			配分		5	
场次		工位编号		工件编号		成绩小计			
序号	零件名称	测量项目	配分	评分标准		得分		备注	
1	车削零件	尺寸测量	1.5	每错一处扣0.5分，扣完为止					
		项目判定	0.3	全部正确得分					
		结论判定	0.3	判断正确得分					
		处理意见	0.4	处理正确得分					
2	铣削零件	尺寸测量	1.5	每错一处扣0.5分，扣完为止					
		项目判定	0.3	全部正确得分					
		结论判定	0.3	判断正确得分					
		处理意见	0.4	处理正确得分					
总计									
检测考评员签字：									

2.4 项目实施

2.4.1 连接轴的车削加工

1. 绘制连接轴的二维图形

1）使用【连续线】命令绘制 Z 方向线段，绘制线段步骤如图 2-11 所示。

绘制连接轴的三维图形

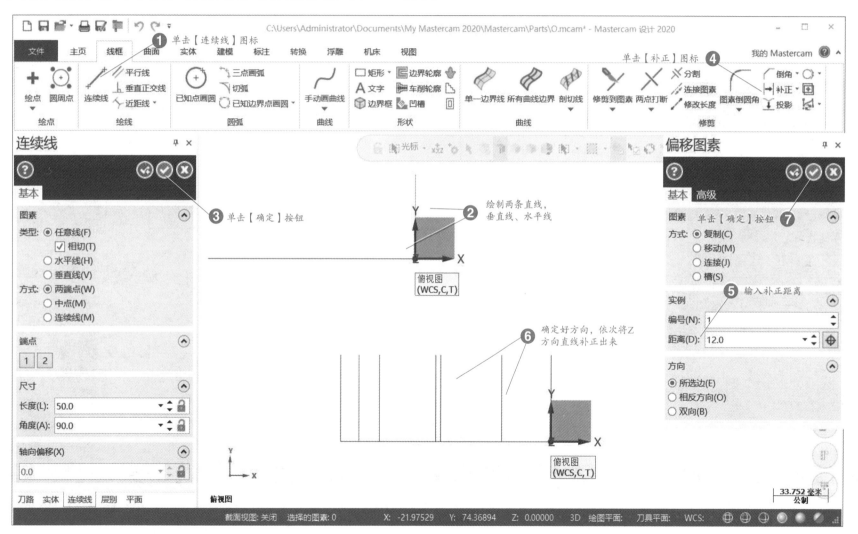

图 2-11　绘制线段

2）使用【矩形】命令绘制 X 方向线、修剪线，绘制矩形并修剪步骤如图 2 – 12 所示。

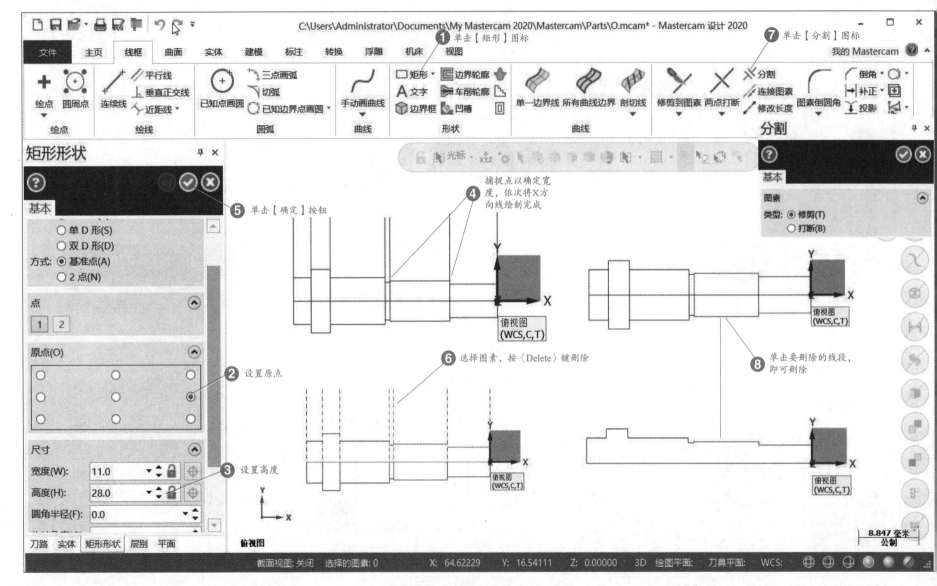

图 2 – 12　绘制矩形并修剪

3) 使用【倒角】【图素倒圆角】命令编辑倒角，步骤如图 2 – 13 所示。

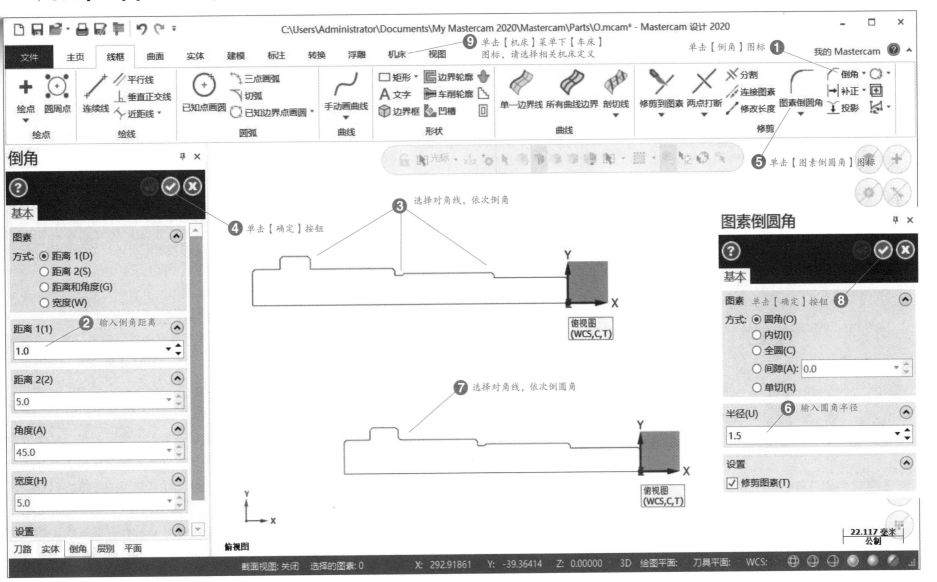

图 2 – 13　编辑倒角

2. 加工工艺路线的安排

根据零件的特点，按照加工工艺的安排原则，安排连接轴零件加工工艺路线，见表 2-18。

表 2-18　连接轴零件加工工艺路线安排

序号	工步名称	示图	序号	工步名称	示图
1	车平端面		5	车削螺纹	
2	粗车外圆轮廓		6	调头，车平端面控制总长	
3	粗车退刀槽		7	粗车外圆轮廓	
4	精车外圆轮廓，控制尺寸精度		8	精车外圆轮廓，控制尺寸精度	

3. 工步的划分原则

工步的划分主要从加工精度和生产率两方面来考虑。

1）同一表面按粗加工、半精加工、精加工的加工顺序依次完成，或全部加工表面按先粗后精的原则划分。

2）对于既有铣削平面又有镗孔加工的表面，可按先铣削平面后镗孔的加工顺序进行划分。

3）按刀具划分工步。

根据上述原则，针对连接轴工序 20 的工步划分为车平端面→手动钻孔→粗车外圆→精车外圆→镗螺纹底孔→车削螺纹退刀槽→车削螺纹。

4. 加工余量、工序尺寸和公差的确定

加工余量是指在加工中被切去的金属层厚度。加工余量的大小对于零件的加工质量、生产率和生产成本均有较大的影响。加工余量过大，不仅会增加机械加工的劳动量，降低生产率，而且会增加材料、工具和电力的消耗，使加工成本增加。但是加工余量过小又不能保证消除上道工序的各种误差和表面缺陷，甚至产生废品。因此，应当合理地确定加工余量。

加工余量的确定方法有以下几类：

1）分析计算法。根据对影响加工余量的各项因素进行分析，通过计算来确定加工余量。

2）查表法。根据查阅有关手册提供的加工余量数据，再结合本企业生产实际情况加以修正后确定加工余量。这是各企业广泛采用的方法。

3）经验估计法。根据工艺人员本身积累的经验确定加工余量，一般为了防止加工余量过小而产生废品，所估计的加工余量总是偏大，常用于单件、小批量生产。

5. 切削用量的确定

确定切削用量的基本原则是首先选取尽可能大的背吃刀量；其次要在机床动力和刚度允许的范围内，同时又满足零件加工精度要求的情况下选择尽可能大的进给量，一般通过查表法、公式计算法和经验值法三种方法相结合确定。

以工序 20 工步 3 为例，通过查阅《切削用量手册》得到表 2-19 硬质合金外圆车刀切削速度参考值，分别确定背吃刀量、切削速度和进给量。

表 2 - 19　硬质合金外圆车刀切削速度参考值

工件材料	热处理状态	$a_p = 0.3 \sim 2mm$ $f = 0.08 \sim 0.3mm/r$	$a_p = 2 \sim 6mm$ $f = 0.3 \sim 0.6mm/r$	$a_p = 6 \sim 10mm$ $f = 0.6 \sim 1mm/r$
		$v / (m/s)$		
低碳钢	热轧	2.33 ~ 3.0	1.67 ~ 2.0	1.17 ~ 1.5
易切钢				
中碳钢	热轧	2.17 ~ 2.67	1.5 ~ 1.83	1.0 ~ 1.33
	调质	1.67 ~ 2.17	1.17 ~ 1.5	0.83 ~ 1.17
合金结构钢	热轧	1.67 ~ 2.17	1.17 ~ 1.5	0.83 ~ 1.17
	调质	1.33 ~ 1.83	0.83 ~ 1.17	0.67 ~ 1.0
工具钢	退火	1.5 ~ 2.0	1.0 ~ 1.33	0.83 ~ 1.17
不锈钢		1.17 ~ 1.33	1.0 ~ 1.17	0.83 ~ 1.0
高锰钢		0.17 ~ 0.33		
铜及铜合金		3.33 ~ 4.17	2.0 ~ 0.30	1.5 ~ 2.0
铝及铝合金		5.1 ~ 10.0	3.33 ~ 6.67	2.5 ~ 5.0
铸铝合金		1.67 ~ 3.0	1.33 ~ 2.5	1.0 ~ 1.67

（1）背吃刀量　背吃刀量 a_p 取为 1.5mm。

（2）切削速度　切削速度取 110m/min，则

$$n_s = \frac{1000 v_c}{\pi d} = \frac{1000 \times 110}{3.14 \times 55} r/min = 636 r/min$$

取 $n_s = 600 r/min$。

（3）进给量　粗加工进给量 f 取为 0.2mm/r，则 F 取 120mm/min。

6. 编制数控加工工艺文件

编制数控加工工序卡时，要根据机械工艺过程卡填写表头信息，编制工序卡工步，确定每个工步的切削参数要合理，手工绘制工序简图。简图需绘制该工序加工的表面，标注夹紧定位位置。连接轴数控加工工序卡见表 2 - 20 和表 2 - 21。数控加工刀具卡见表 2 - 22。

编制数控加工
工艺文件

零件名称	连接轴	数控加工工序卡		工序号	20	工序名称	数控车削	共2页
								第1页
材料	45	毛坯规格	$\phi40mm \times 132mm$ 圆棒料	机床设备	CAK6140 型数控车床		夹具	自定心卡盘

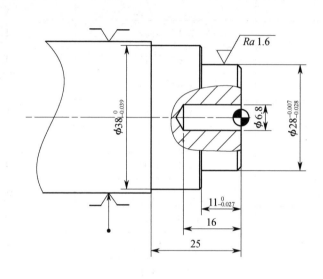

工步号	工步内容	刀具规格	刀具材料	量具	背吃刀量/mm	进给量/（mm/min）	主轴转速/（r/min）
1	车平端面	80°外圆车刀	硬质合金	游标卡尺		100	800
2	钻中心孔	$\phi3mm$ 中心钻	高速钢			50	1000
3	钻 M8 的底孔	$\phi6.5mm$ 钻头	硬质合金			50	1200
4	粗车 $\phi28_{-0.028}^{-0.007}mm$、$\phi38_{-0.039}^{0}mm$ 的外圆，并倒角	80°外圆车刀	硬质合金	外径千分尺	1	300	1500
5	粗、精车 $\phi28_{-0.028}^{-0.007}mm$、$\phi38_{-0.039}^{0}mm$ 的外圆，并倒角	35°外圆车刀	硬质合金	外径千分尺	0.2	150	2000
编制		日期		审核		日期	

表 2-21 连接轴数控加工工序卡（工序 30）

零件名称	连接轴	数控加工工序卡		工序号	30	工序名称	数控车削	共 2 页
								第 2 页
材料	45	毛坯规格	φ40mm×132mm 圆棒料	机床设备	CAK6140 型数控车床	夹具		自定心卡盘

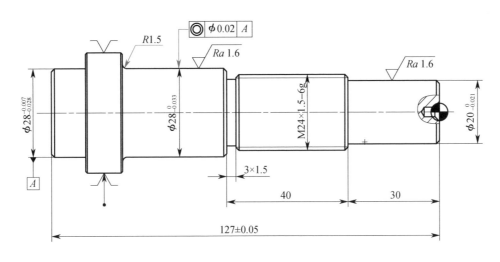

工步号	工步内容	刀具规格	刀具材料	量具	背吃刀量/mm	进给量/（mm/min）	主轴转速/（r/min）
1	车平端面，控制工件总长至图样尺寸要求	80°外圆车刀	硬质合金	游标卡尺		100	800
2	钻中心孔、安装回转顶尖	φ3mm 中心钻	高速钢			50	1000
3	粗车 $\phi20_{-0.021}^{0}$ mm、$\phi24_{-0.021}^{0}$ mm、$\phi28_{-0.033}^{0}$ mm 的外圆与圆角并倒角	80°外圆车刀	硬质合金	外径千分尺	1	300	1500
4	精车 $\phi20_{-0.021}^{0}$ mm、$\phi24_{-0.021}^{0}$ mm、$\phi28_{-0.033}^{0}$ mm 的外圆与圆角并倒角	35°外圆车刀	硬质合金	外径千分尺	0.2	150	2000
5	粗、精车 3mm×1.5mm 的槽	3mm 宽外径车槽刀	硬质合金	游标卡尺	3	100	1000
6	粗、精车 M24×1.5 的螺纹	60°外螺纹车刀	硬质合金	M24 螺纹环规			
7	手动攻螺纹 M8						
编制		日期		审核		日期	

项目 2　连接轴与法兰的车铣加工　119

表 2-22 数控加工刀具卡（工序 30）

零件名称	传动轴		数控加工刀具卡		工序号	30
工序名称	数车		设备名称	数控车床	设备型号	CAK6140 型数控车床
工步号	刀具号	刀具名称	刀杆规格/mm	刀具材料	刀尖半径/mm	备注
3、4	T0101	80°外圆车刀	20×20	硬质合金	0.8	
5	T0202	3mm 车槽刀	20×20	硬质合金	0.4	
6	T0303	外螺纹车刀	20×20	硬质合金	0.2	
编制		审核		批准		共 页 　第 页

7. 连接轴加工程序的编制

1）进入【车削】菜单，进行毛坯的设置，步骤如图 2-14 所示。

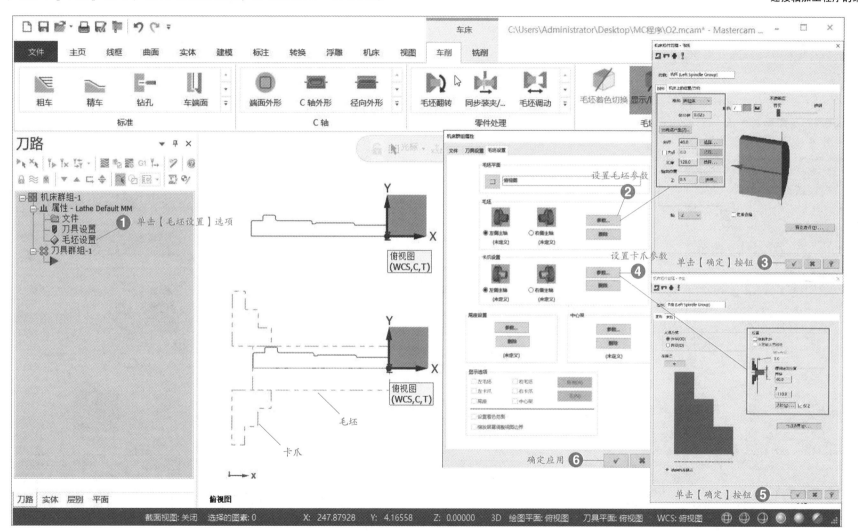

图 2-14　毛坯的设置

2) 使用【车端面】命令精车端面，步骤如图 2 – 15 所示。

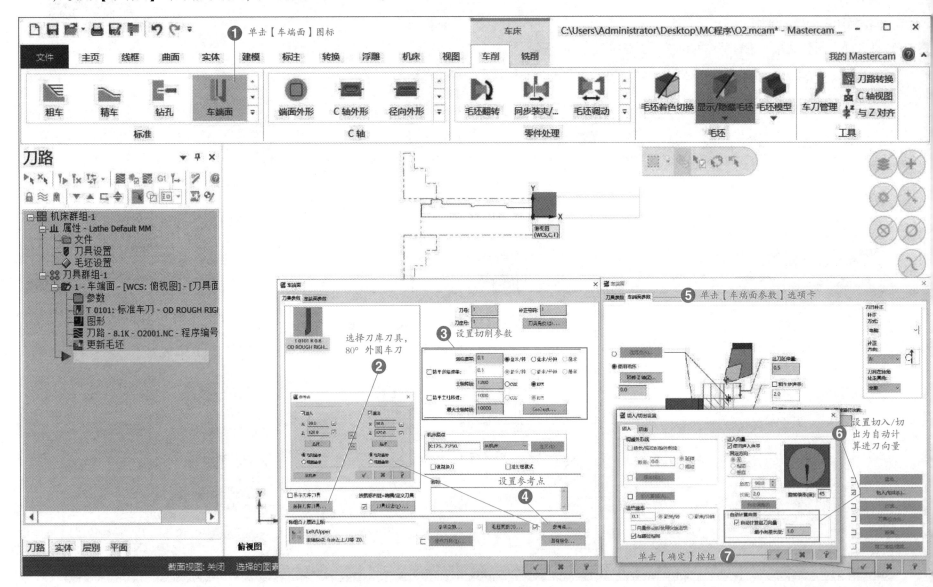

图 2 – 15　精车端面

3) 使用【粗车】命令粗加工外圆，步骤如图 2-16 所示。

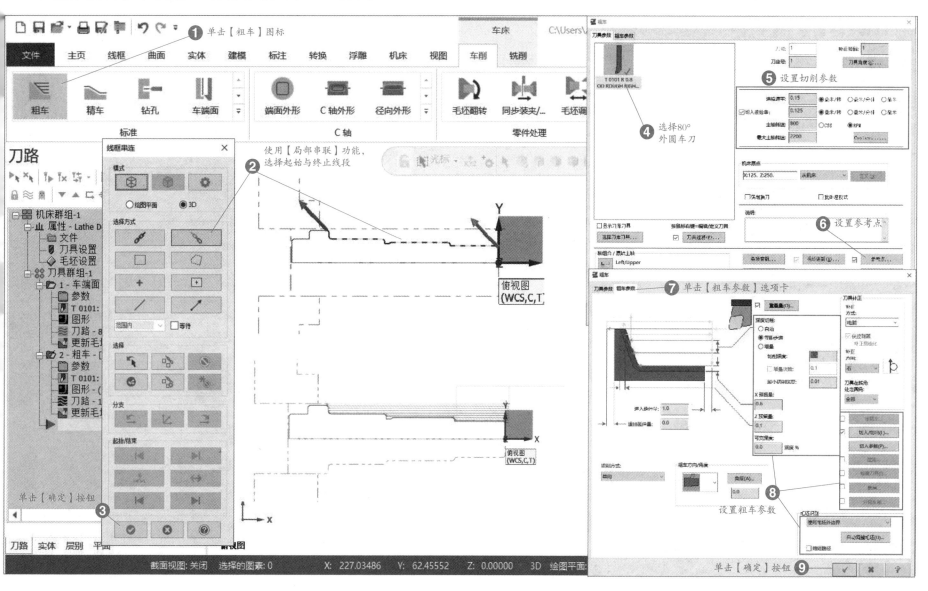

图 2-16　粗加工外圆

4）使用【粗车】命令，选择35°外圆车刀粗车沟槽，步骤如图2-17所示。

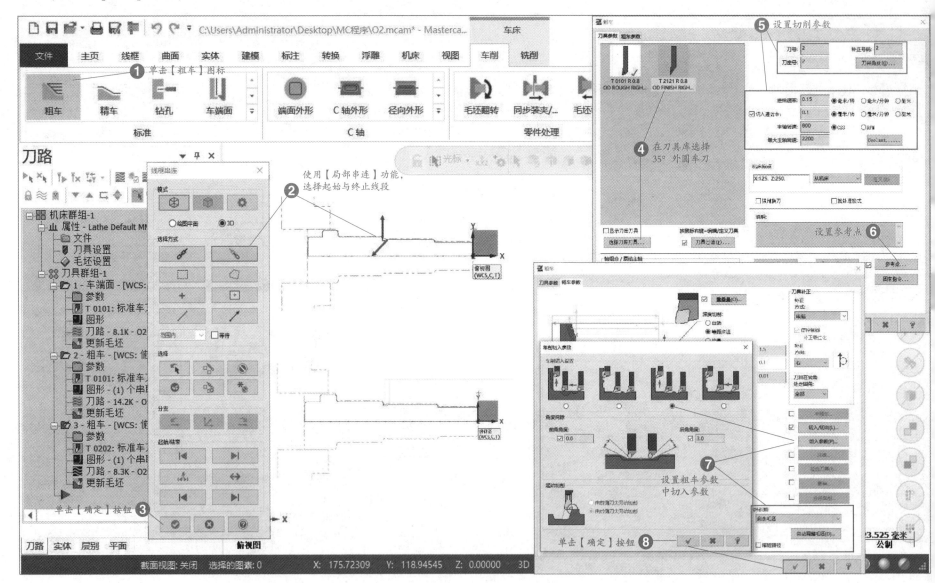

图2-17 粗车沟槽

5）使用【精车】命令精加工外圆以控制尺寸，步骤如图2-18所示。

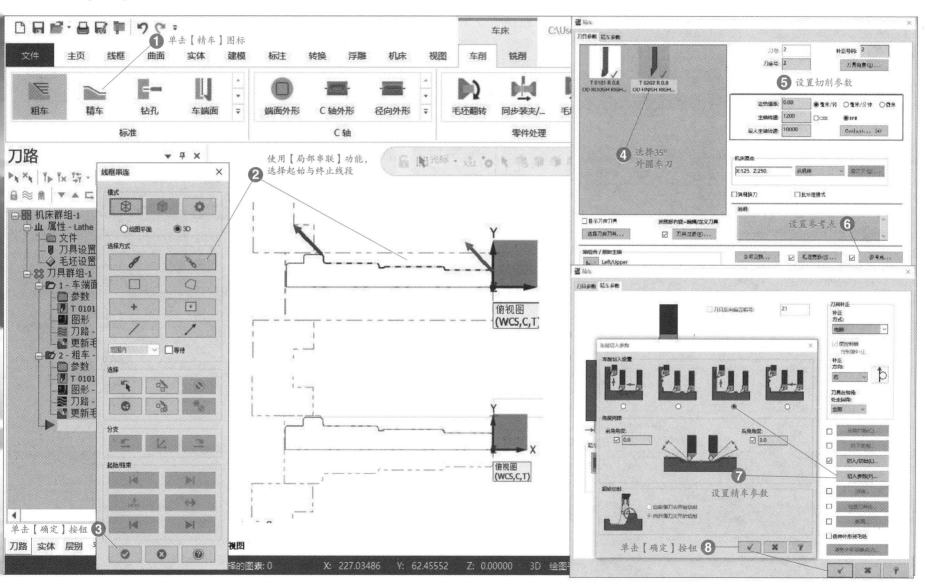

图2-18　精加工外圆

6）使用【车螺纹】命令，车削 M24×1.5 螺纹，步骤如图 2－19 所示。

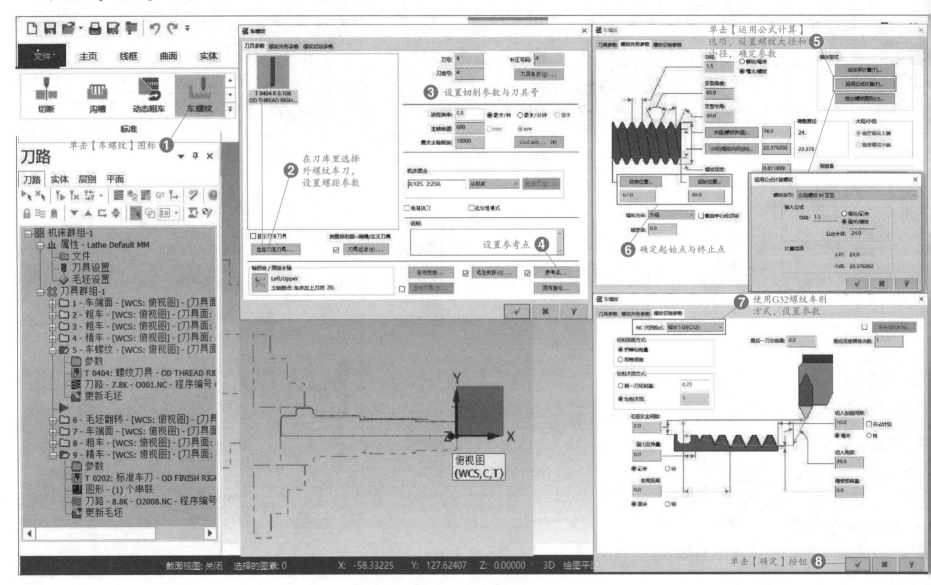

图 2－19　车削螺纹

7）使用【毛坯翻转】命令调整毛坯，进行左端面加工，步骤如图 2 – 20 所示。

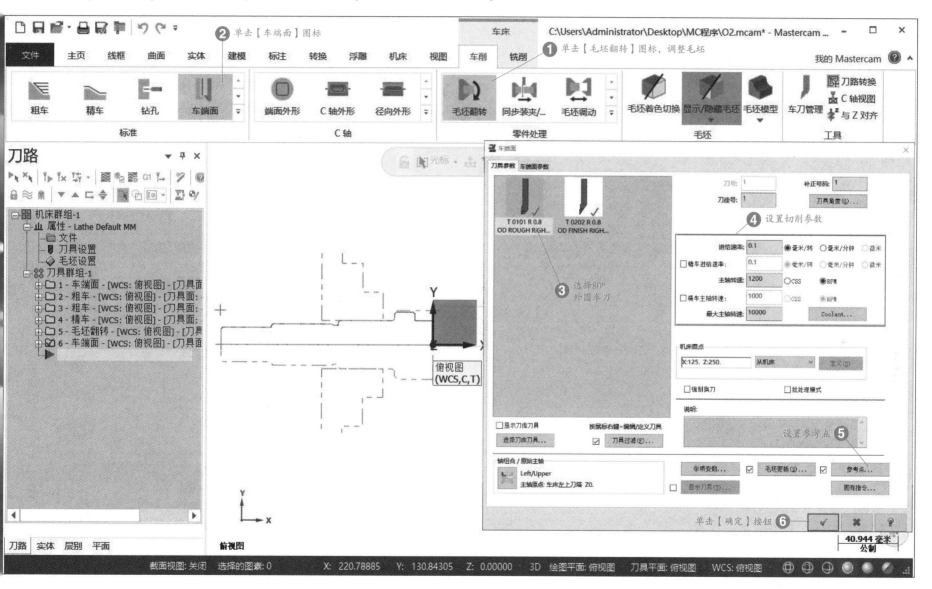

图 2 – 20　翻转毛坯加工左端面

8）使用【车端面】命令精车端面，控制总长，步骤如图 2 – 21 所示。

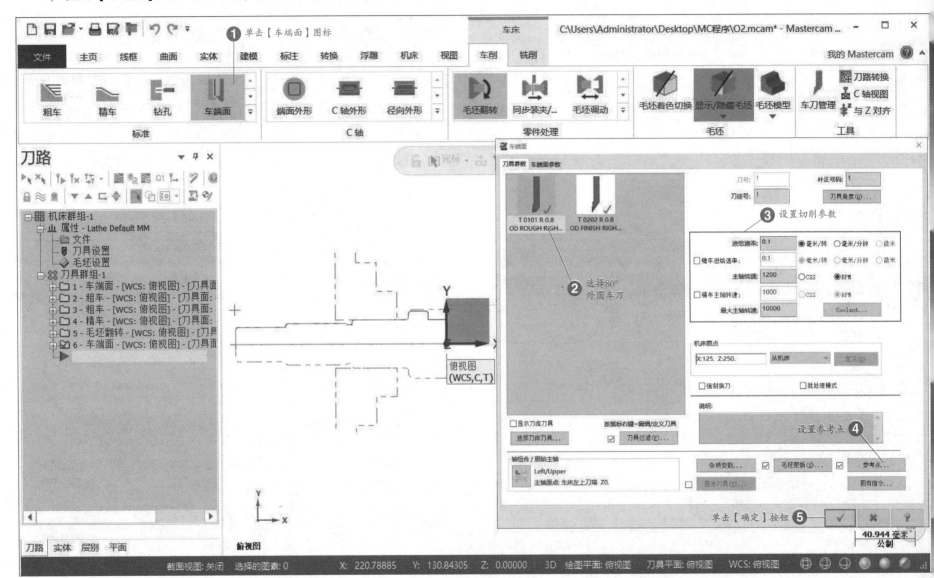

图 2 – 21 精车端面

9）使用【粗车】命令粗加工外圆，步骤如图 2 - 22 所示。

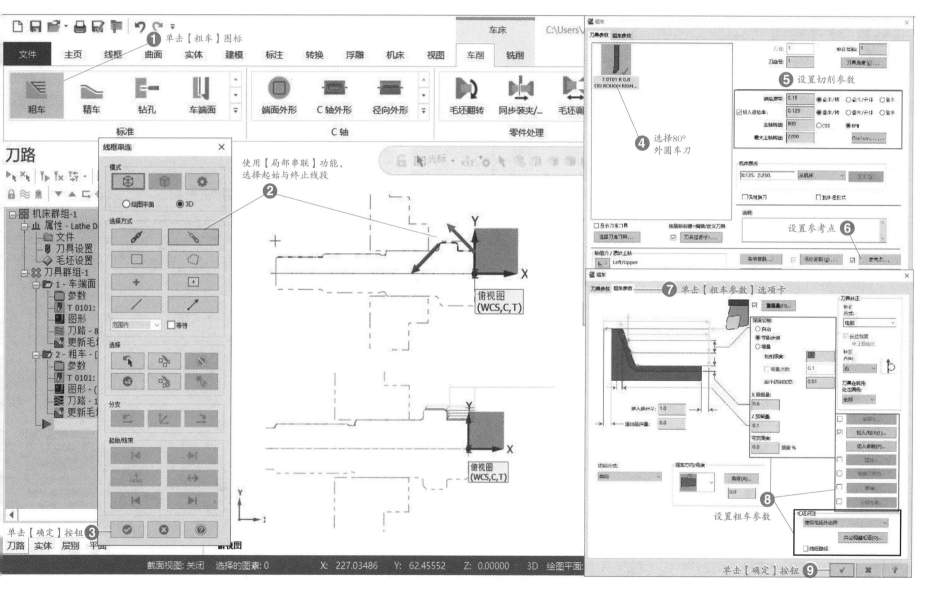

图 2-22　粗加工外圆

10）使用【精车】命令精加工外圆，控制尺寸，步骤如图 2-23 所示。

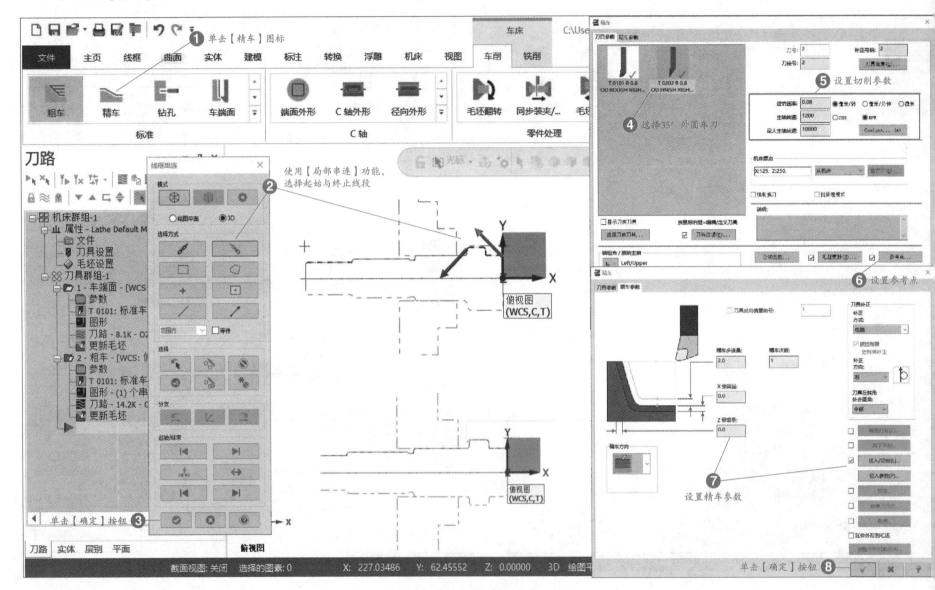

图 2-23　精加工外圆

8. 后处理

生成 NC 文件, 进行加工, 步骤如图 2 – 24 所示。

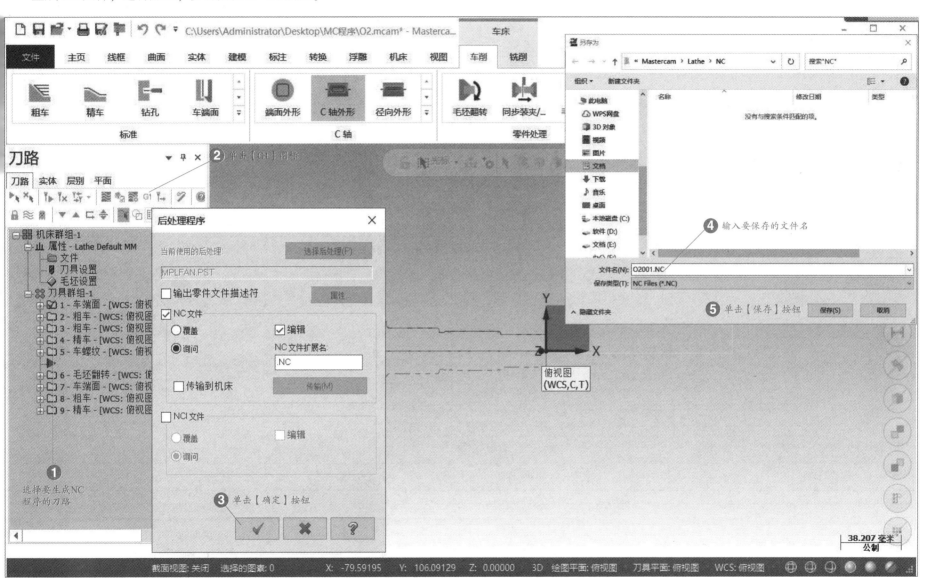

图 2 – 24 生成 NC 文件

9. 填写数控加工程序单 （表2-23）

表 2-23 数控加工程序单

数控加工程序单		产品名称		零件名称		共　页
		工序号		工序名称		第　页
序号	程序编号	工序内容	刀具	切削深度（相对最高点）/mm	备注	
1						
2						
3						
4						
5						
6						

装夹示意图：

装夹说明：

编程/日期		审核/日期	

10. 连接轴的加工

工件与机床的操作方法见项目 1 中的 1.4.1 传动
轴的加工。

连接轴左端加工过程见表 2 - 24，右端加工过程
见表 2 - 25。

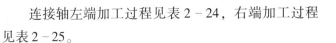

连接轴的加工

表 2 - 24　连接轴左端加工过程

序号	加工内容	图例
1	车平左端面	
2	钻中心孔	
3	手动钻 M8 的底孔	
4	粗、精车左端外形轮廓	

表 2 - 25　连接轴右端加工过程

序号	加工内容	图例
1	车平右端面，控制工件总长	
2	钻中心孔	
3	粗、精加工右端外形轮廓及外径切槽	
4	粗、精车螺纹	
5	左端手动攻螺纹 M8	

连接轴零件加工完成如图 2-25 所示。

图 2-25　连接轴零件

11. 零件自测

根据表 2-26 对连接轴进行自检。

表 2-26　连接轴自检

零件名称		连接轴			允许读数误差				±0.007mm
序号	项目	尺寸要求/mm	使用的量具	测量结果				项目判定	
				No. 1	No. 2	No. 3	平均值		
1	外径	$\phi 20_{-0.021}^{0}$						合格（　）　　不合格（　）	
2	外径	$\phi 28_{-0.028}^{-0.007}$						合格（　）　　不合格（　）	
3	长度	$12_{0}^{+0.027}$						合格（　）　　不合格（　）	
结论（对上述测量尺寸进行评价）				合格品（　）　　　次品（　）　　　废品（　）					
处理意见									

2.4.2 法兰零件的铣削加工

1. 法兰零件的三维建模

1）启动 Mastercam 软件，进入 Mastercam 工作环境。绘制 $\phi 72mm$ 圆柱，步骤如图 2−26 所示。

法兰盘零件的三维建模

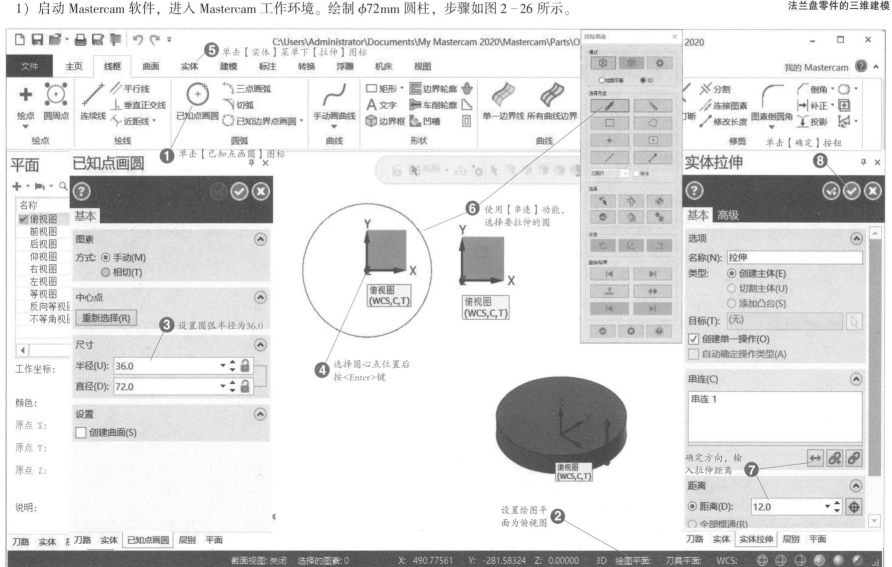

图 2−26　绘制 $\phi 72mm$ 圆柱

2) 先绘制圆和直线，找到交点，然后在交点处绘制 φ72mm 圆，步骤如图 2-27 所示。

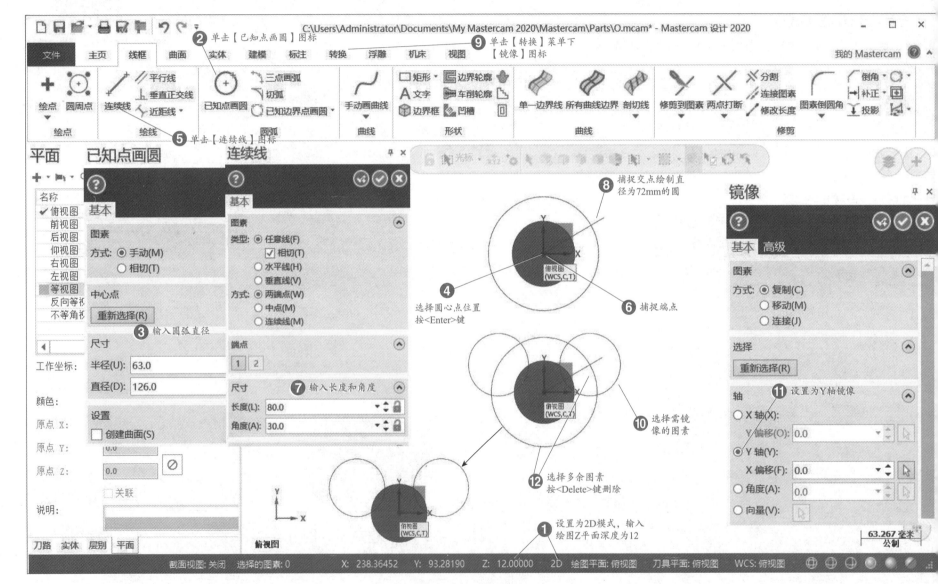

图 2-27 绘制 φ72mm 圆

3）使用【拉伸】命令切割主体，使用【固定半倒圆角】命令倒圆角，步骤如图 2 - 28 所示。

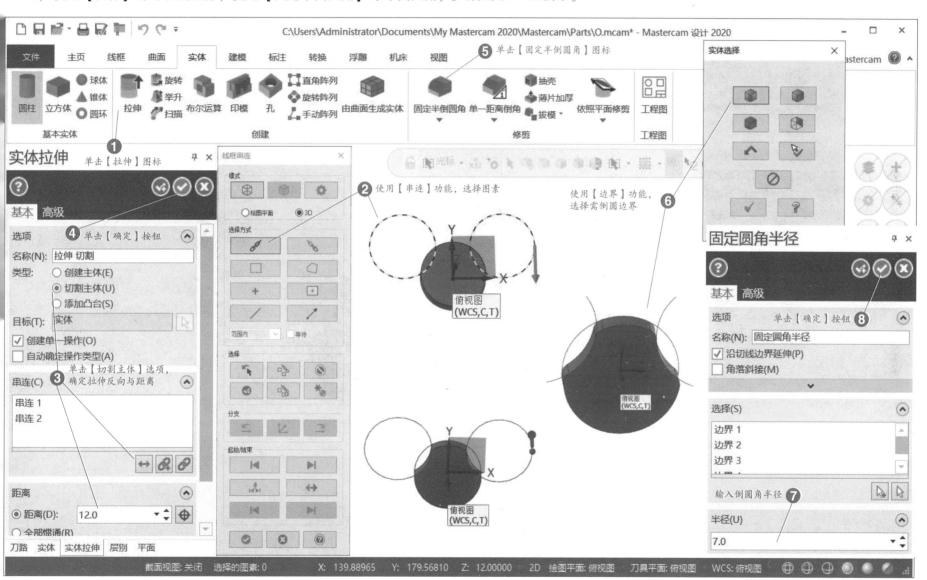

图 2 - 28　拉伸及倒圆角

4）绘制两个矩形，步骤如图 2-29 所示。

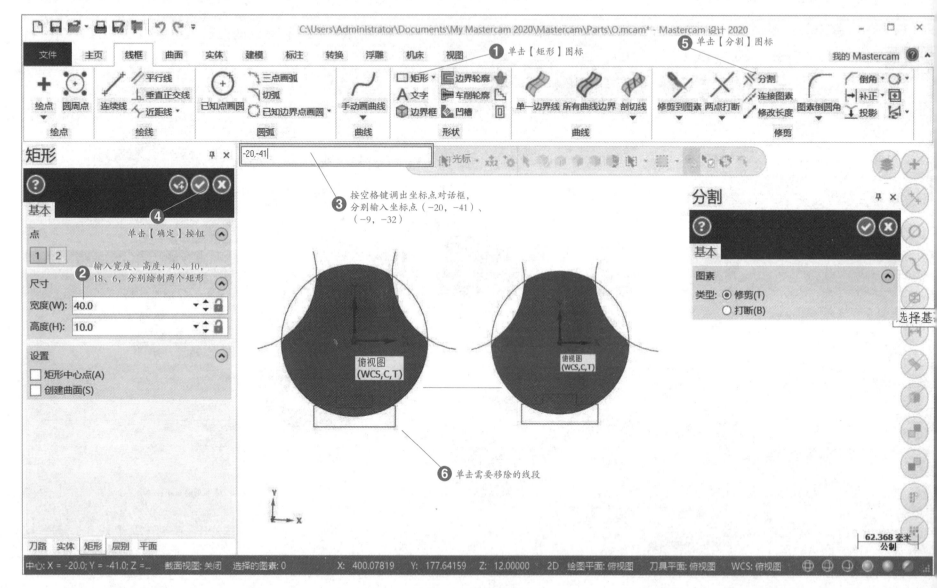

图 2-29　绘制矩形

5）使用【拉伸】命令切割主体，使用【固定半倒圆角】命令倒圆角，步骤如图 2 – 30 所示。

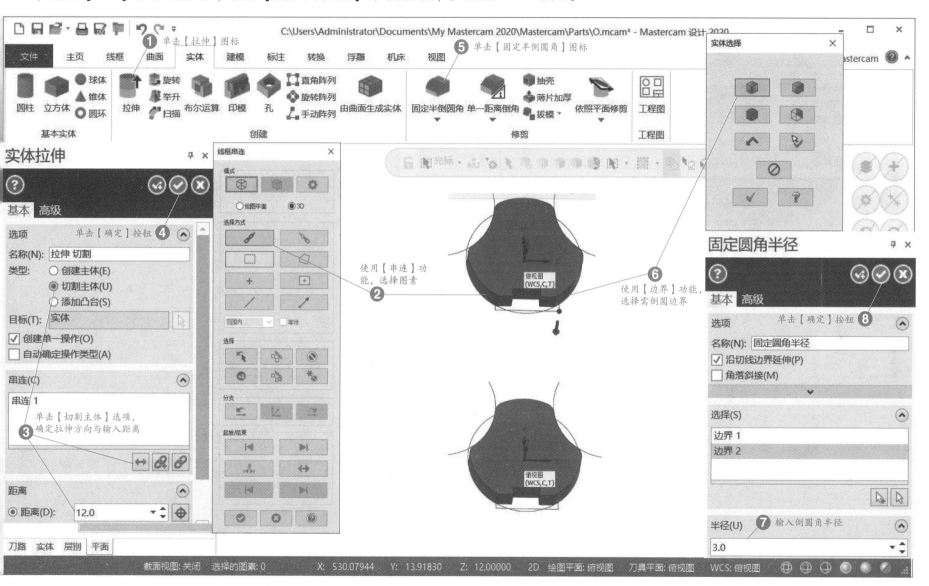

图 2 – 30　拉伸及倒圆角

6）绘制 $\phi 46$mm 圆，使用【拉伸】命令添加凸台，步骤如图 2 - 31 所示。

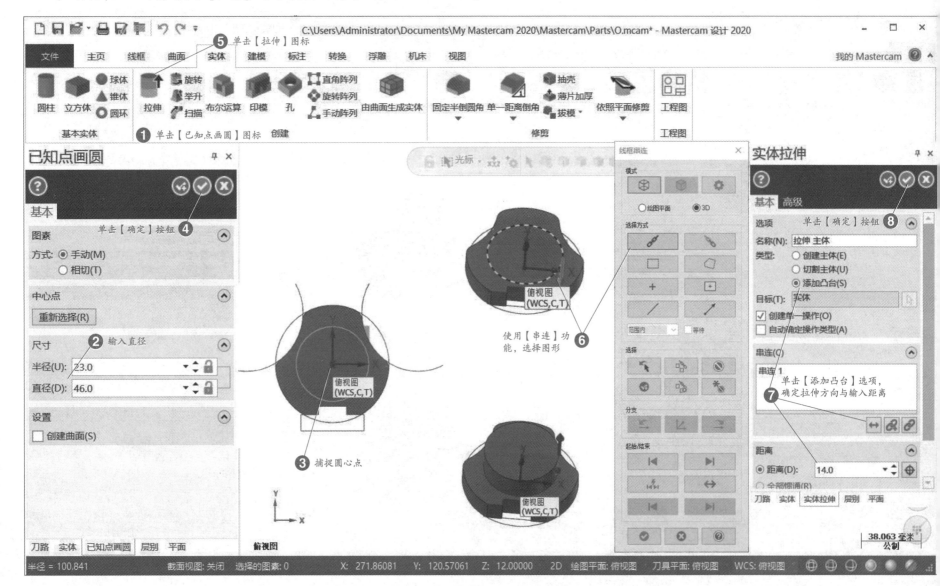

图 2 - 31　绘制 $\phi 46$mm 圆及拉伸凸台

7）使用【孔】命令创建 4 个沉头孔，步骤如图 2–32 所示。

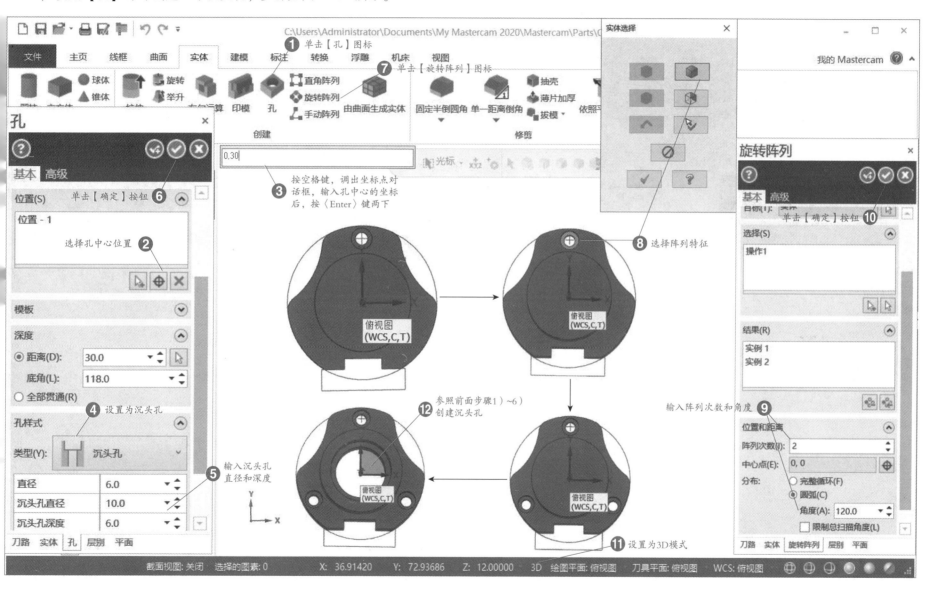

图 2–32　创建沉头孔

8）创建矩形，使用【拉伸】命令切割主体，步骤如图 2 – 33 所示。

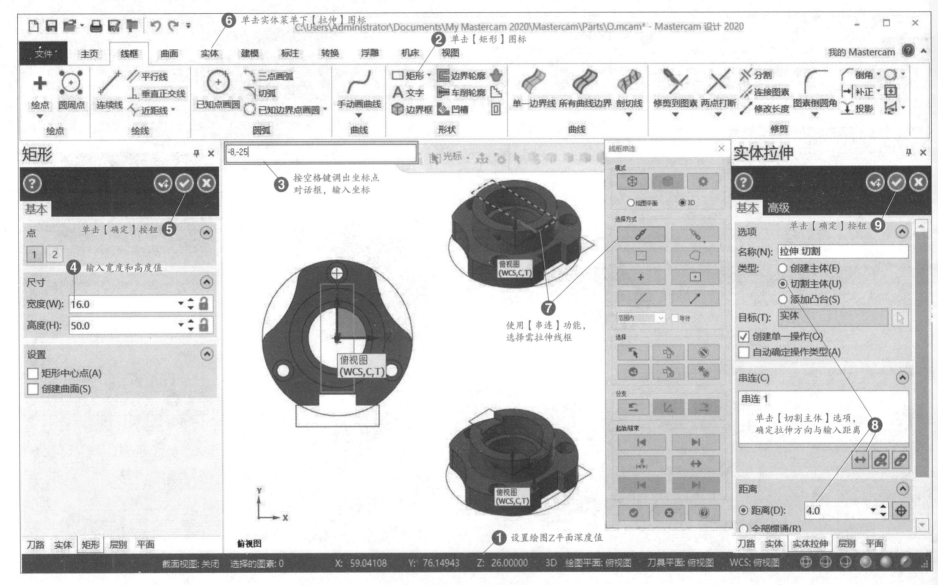

图 2 – 33　创建矩形及切割主体

9) 绘制 $\phi 28mm$ 圆，使用【拉伸】命令切割主体，步骤如图 2-34 所示。

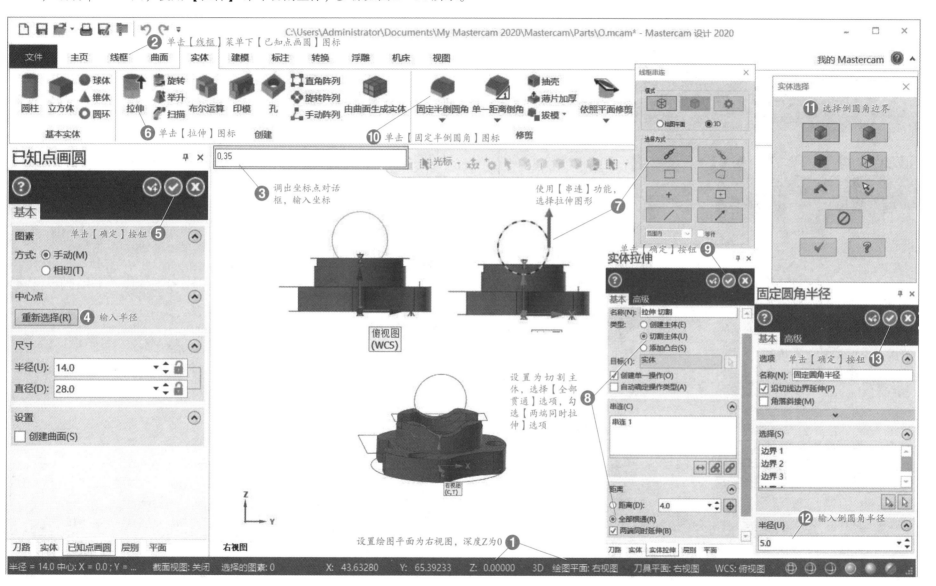

图 2-34　绘制 $\phi 28mm$ 圆及切割主体

10）绘制二维图形，步骤如图 2‑35 所示。

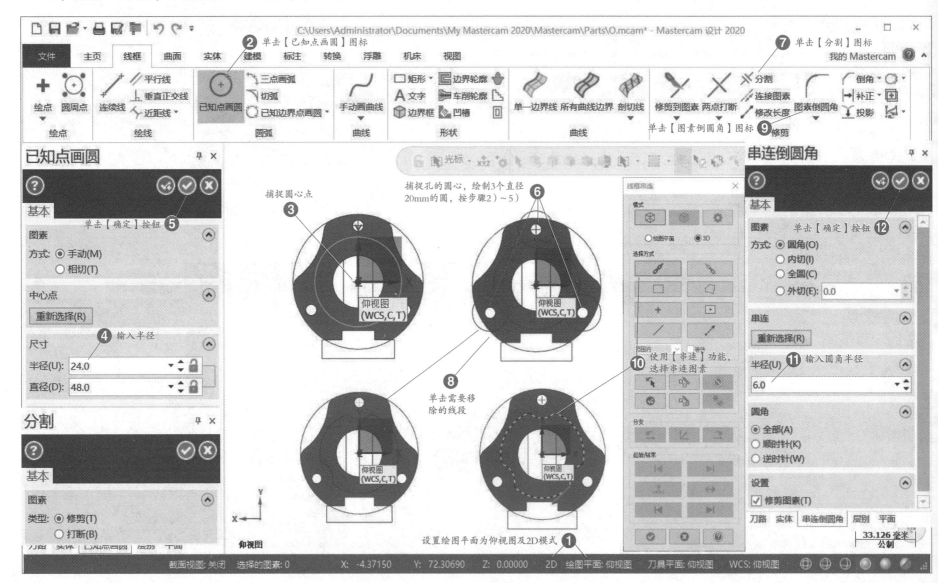

图 2‑35　绘制二维图形

11）绘制 M6 底孔，步骤如图 2-36 所示。

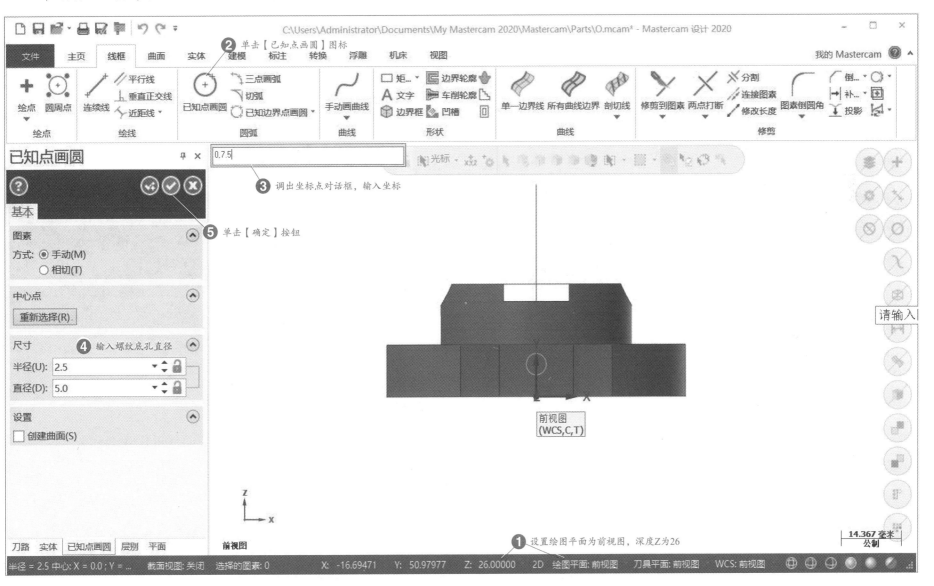

图 2-36　绘制 M6 底孔

12）先绘制毛坯图形，使用【旋转】命令绘出实体，步骤如图 2 – 37 所示。

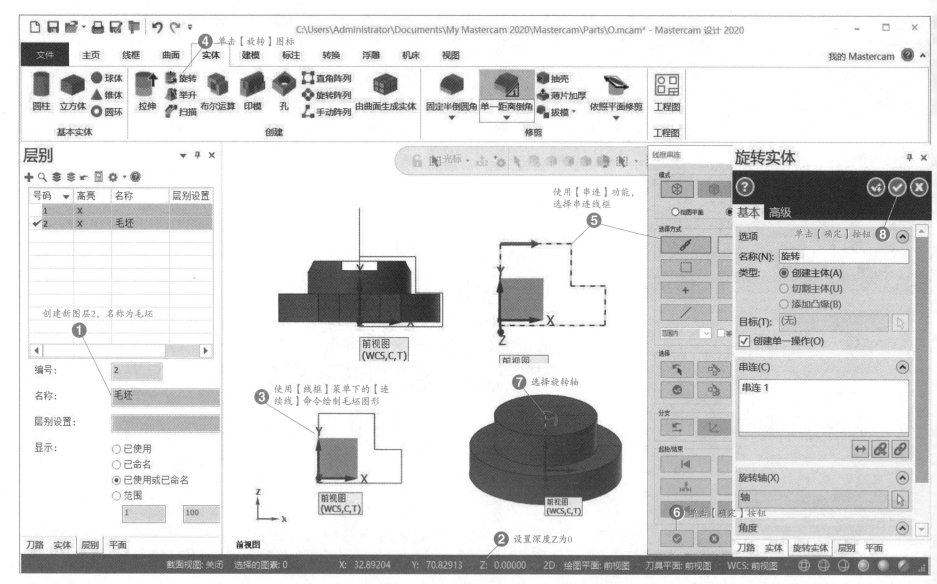

图 2 – 37　绘制毛坯

13）抽取曲面边界，绘制直线连接，步骤如图2-38所示。

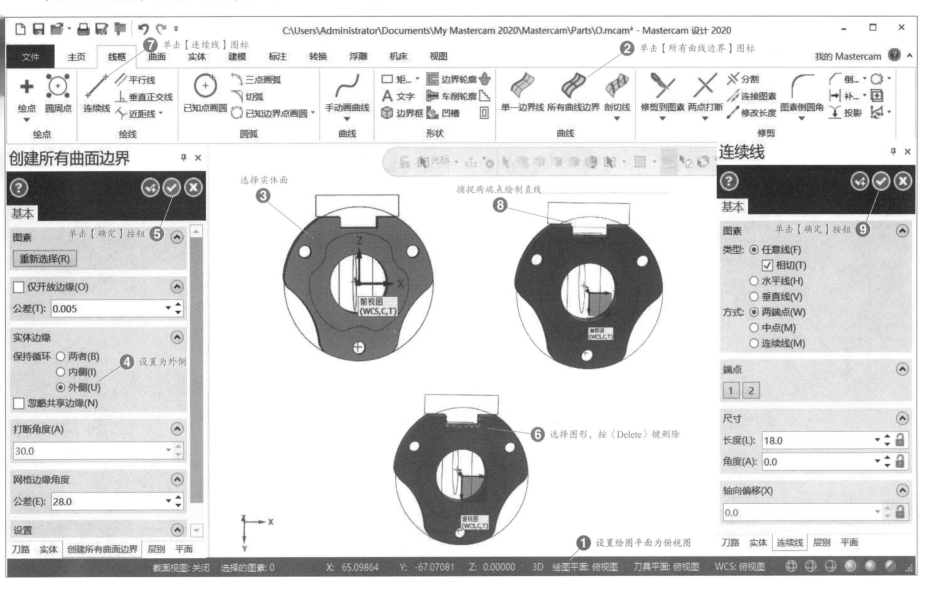

图2-38　绘制直线连接

2. 加工工艺路线的安排

根据零件的特点，按照加工工艺的安排原则，安排法兰零件加工工艺路线，见表 2-27。

表 2-27　法兰零件加工工艺路线的安排

序号	工步名称	示图	序号	工步名称	示图	序号	工步名称	示图
1	粗、精铣工件反面平面		5	精铣内、外轮廓，控制尺寸精度		9	精铣所有底面	
2	粗铣外形轮廓		6	翻面，优化动态粗切内外轮廓		10	精铣轮廓 $\phi46_{-0.039}^{0}$ mm、$\phi34_{0}^{+0.039}$ mm、$\phi28_{0}^{+0.033}$ mm；控制尺寸精度	
3	粗铣内轮廓		7	螺旋铣孔 $\phi28_{0}^{+0.033}$ mm		11	精铣键槽轮廓，控制尺寸精度	
4	精铣内部底面		8	螺旋铣孔 $\phi10$ mm（3个）		12	精铣曲面	

序号	工步名称	示图	序号	工步名称	示图	序号	工步名称	示图
13	钻 M6 中心孔（3 个）		15	精铣底面和侧壁轮廓，控制尺寸精度		17	攻螺纹 M6	
14	加工第三面，粗铣键槽		16	钻孔 M6 的底孔 $\phi5\text{mm}$				

3. 工步的划分原则

方法见 2.4.1。

4. 加工余量、工序尺寸和公差的确定

方法见 2.4.1。

5. 切削用量的计算

方法见 2.4.1。

6. 编制数控加工工艺文件

编制数控加工工序卡时，要根据机械工艺过程卡填写表头信息，编制工序卡工步，每个工步切削参数合理，手工绘制工序简图，简图需绘制该工序加工的表面，标注夹紧定位位置；编制数控加工刀具卡时，要根据机械工艺过程卡填写表头信息，填写每把刀具的基本信息。法兰数控加工工序卡见表 2-28~表 2-30，法兰数控加工刀具卡见表 2-31。

表 2 - 28　法兰数控加工工序卡（工序 20）

零件名称	法兰	数控加工工序卡		工序号		20	工序名称	数控铣削		共 3 页
										第 1 页
材料	45	毛坯规格	半成品	机床设备		VMC850 加工中心		夹具		自定心卡盘

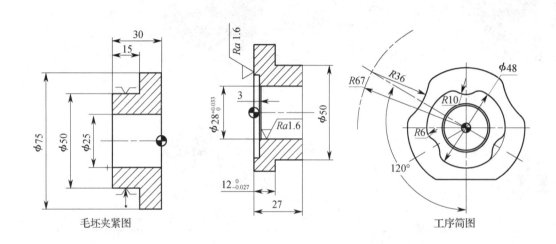

毛坯夹紧图　　　　　　　　　工序简图

工步号	工步内容	刀具规格	刀具材料	量具	背吃刀量/mm	进给速度/（mm/min）	主轴转速/（r/min）
1	夹紧工件，工件伸出钳口 16mm			钢直尺			
2	精铣顶部平面，不留余量	ϕ10mm 立铣刀	硬质合金		0.5	800	4500
3	粗铣外形轮廓，底面、侧壁留 0.2mm 加工余量	ϕ10mm 立铣刀	硬质合金	游标卡尺	2	1500	5500
4	粗铣内轮廓，底面、侧壁留 0.2mm 加工余量	ϕ10mm 立铣刀	硬质合金	游标卡尺	2	1500	5500
5	精铣内轮廓，底面、侧壁至图样尺寸要求	ϕ10mm 立铣刀	硬质合金		0.2	800	4500
6	精铣外形轮廓，保证尺寸 $\phi 72^{+0.046}_{0}$mm，至图样尺寸要求	ϕ10mm 立铣刀	硬质合金	外径千分尺	0.2	800	4500
编制		日期		审核		日期	

表 2-29　法兰数控加工工序卡（工序 30）

零件名称	法兰	数控加工工序卡		工序号	30	工序名称	数控铣削	共 3 页
								第 2 页
材料	45	毛坯规格	半成品	机床设备	VMC850 加工中心	夹具		自定心卡盘

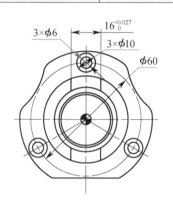
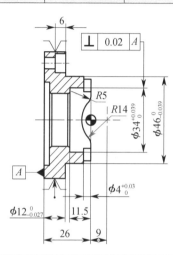

工步号	工步内容	刀具规格	刀具材料	量具	背吃刀量/mm	进给速度/(mm/min)	主轴转速/(r/min)
1	调头夹紧工件，工件伸出钳口17mm，打表找正			钢直尺百分表			
2	粗铣内、外轮廓形状，底面、侧壁留 0.2mm 加工余量	φ10mm 立铣刀	硬质合金	游标卡尺	2	1500	5500
3	粗铣 φ28 $^{+0.033}_{0}$ mm 内孔，侧壁留 0.2mm 加工余量	φ10mm 立铣刀	硬质合金	游标卡尺	1	1000	5500
4	粗、精铣 3 个 φ10mm 内孔	φ6mm 立铣刀	硬质合金	游标卡尺	0.6	800	6000
5	精铣底平面，保证尺寸4 $^{+0.03}_{0}$ mm，至图样尺寸要求	φ6mm 立铣刀	硬质合金	游标深度卡尺	0.2	800	6000
6	精铣外圆 φ 46 $^{0}_{-0.039}$ mm，内孔 φ 34 $^{+0.039}_{0}$ mm、φ 28 $^{+0.033}_{0}$ mm，至图样尺寸要求	φ10mm 立铣刀	硬质合金	外径、内测千分尺	0.2	800	4500
7	精铣槽18 $^{+0.027}_{0}$ mm，至图样尺寸要求	φ10mm 立铣刀	硬质合金	内测千分尺	0.2	800	4500
8	精铣曲面，保证曲面表面粗糙度值	φ6R3mm 球头铣刀	硬质合金		0.2	1500	6000
9	钻孔 3×φ6mm	φ6mm 麻花钻	硬质合金		3	80	1200
编制		日期		审核		日期	

表 2 – 30　法兰数控加工工序卡（工序 40）

零件名称	法兰	数控加工工序卡		工序号	40	工序名称	数控铣削	共 3 页
								第 3 页
材料	45	毛坯规格	半成品	机床设备	VMC850 立式加工中心	夹具		机用虎钳

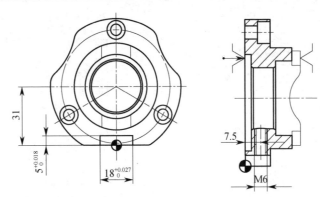

工步号	工步内容	刀具规格	刀具材料	量具	背吃刀量/mm	进给速度/（mm/min）	主轴转速/（r/min）
1	第三面夹紧工件，工件伸出钳口 20mm，打表找正			钢直尺 百分表			
2	粗铣槽 $18^{+0.027}_{0}$ mm，底面、侧壁留 0.2mm 加工余量	ϕ10mm 立铣刀	硬质合金	游标卡尺	2	1000	5000
3	精铣槽底面 $5^{+0.018}_{0}$ mm，至图样尺寸要求	ϕ10mm 立铣刀	硬质合金	游标深度卡尺、千分尺	0.2	800	4500
4	精铣槽轮廓 $18^{+0.027}_{0}$ mm，至图样尺寸要求	ϕ10mm 立铣刀	硬质合金	内测千分尺	0.2	800	4500
5	钻 M6 中心孔，将倒角一起钻出	ϕ10mm 倒角刀	硬质合金		1	50	4500
6	钻孔 M6 的底孔 ϕ5mm	ϕ5mm 麻花钻	硬质合金		3	80	1200
7	攻螺纹 M6	M6 丝锥	硬质合金		1	100	100
编制		日期		审核		日期	

表 2 - 31 数控加工刀具卡（工序 30）

零件名称	法兰		数控加工刀具卡			工序号		30
工序名称	数铣		设备名称	数控铣床		设备型号		VMC850 型数控铣床
工步号	刀具号	刀具名称	刀柄型号	刀具			补偿量/mm	备注
				直径/mm	刀长/mm	刀尖半径/mm		
2、3 6、7	T01	φ10mm 立铣刀	BT40	10	0		0	
3、4	T02	φ6mm 立铣刀	BT40	6	0		0	
8	T03	R3mm 球头铣刀	BT40	6	0		0	
9	T04	φ6mm 麻花钻	BT40	6	0		0	
编制		审核		批准			共 页	第 页

7. 法兰加工程序的编制

（1）法兰零件反面加工程序的编制

1）创建加工坐标系，进入铣床加工模块，步骤如图 2 - 39 所示。

法兰零件反面加工程序的编制

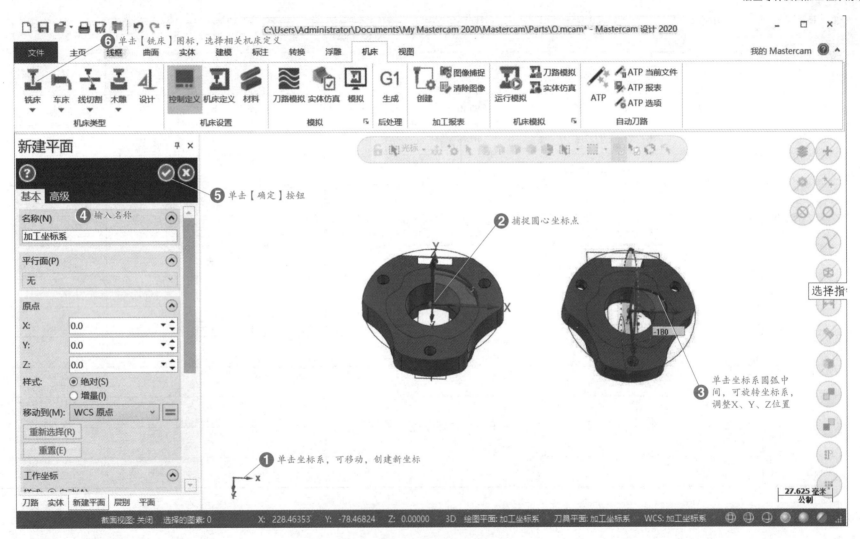

图 2 - 39 创建加工坐标系

2) 创建面铣加工, 步骤如图 2-40 所示。

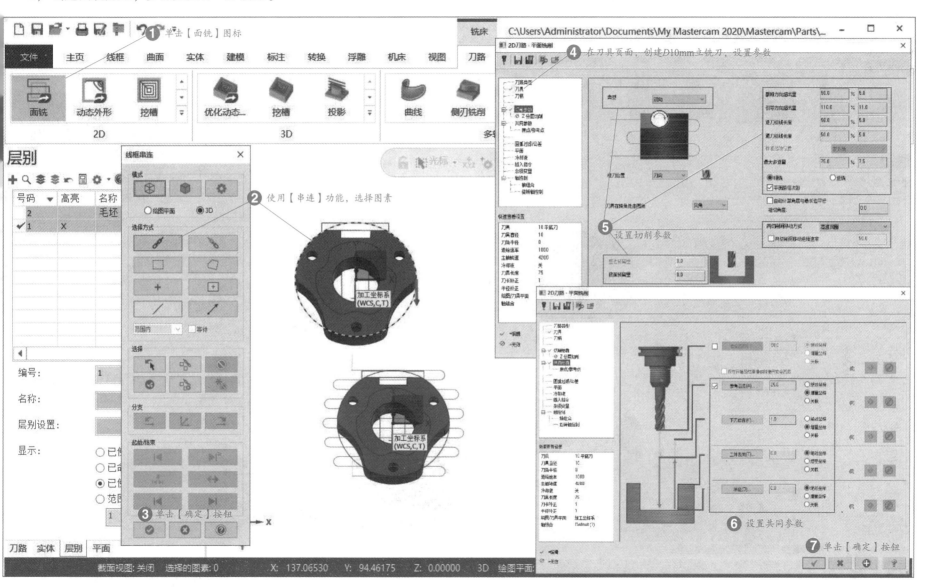

图 2-40　创建面铣加工

3）创建外形轮廓粗加工，步骤如图 2 - 41 所示。

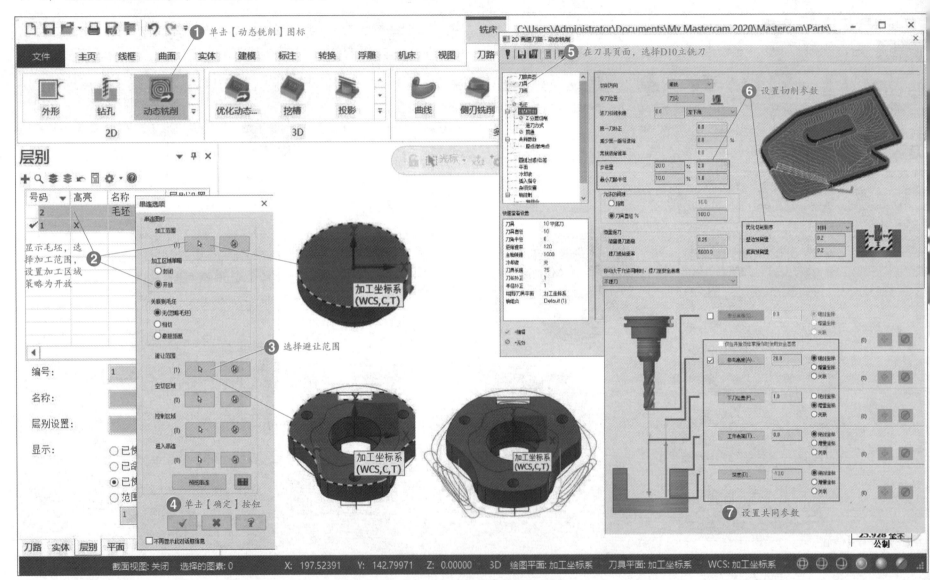

图 2 - 41 创建外形轮廓粗加工

4) 创建型腔粗加工，步骤如图 2 - 42 所示。

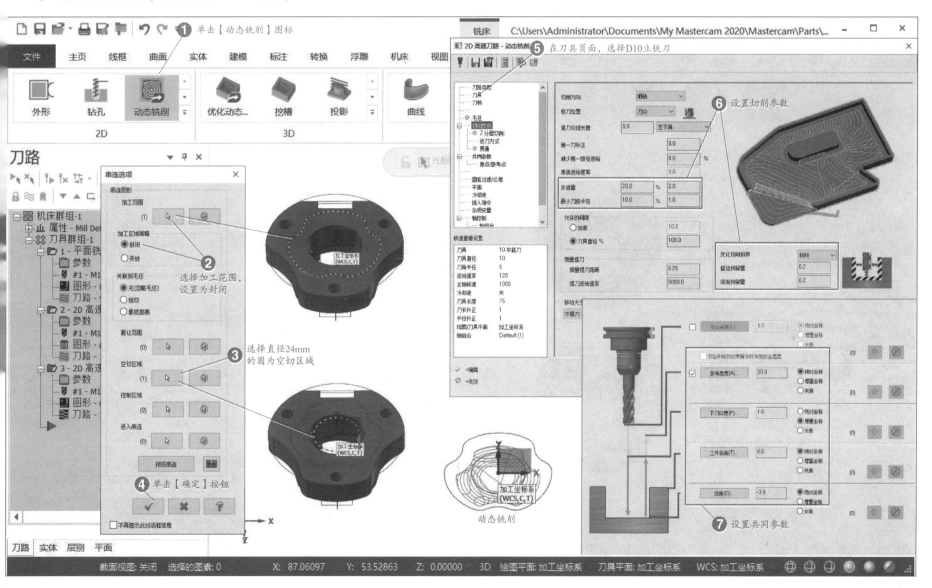

图2-42　创建型腔粗加工

5）创建底面精加工，控制尺寸精度，步骤如图 2-43 所示。

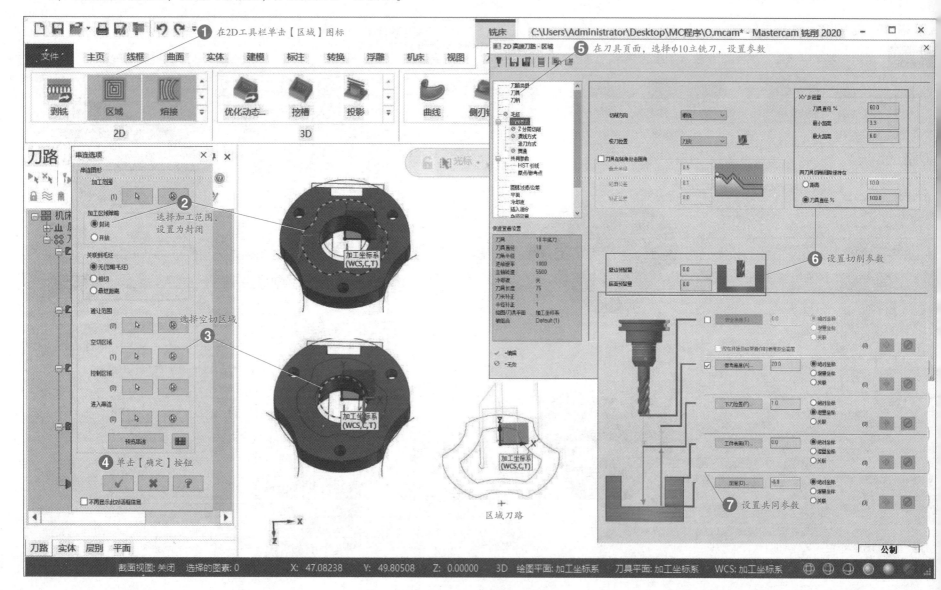

图 2-43　创建底面精加工

6）创建外形轮廓精加工，控制尺寸精度，步骤如图 2 - 44 所示。

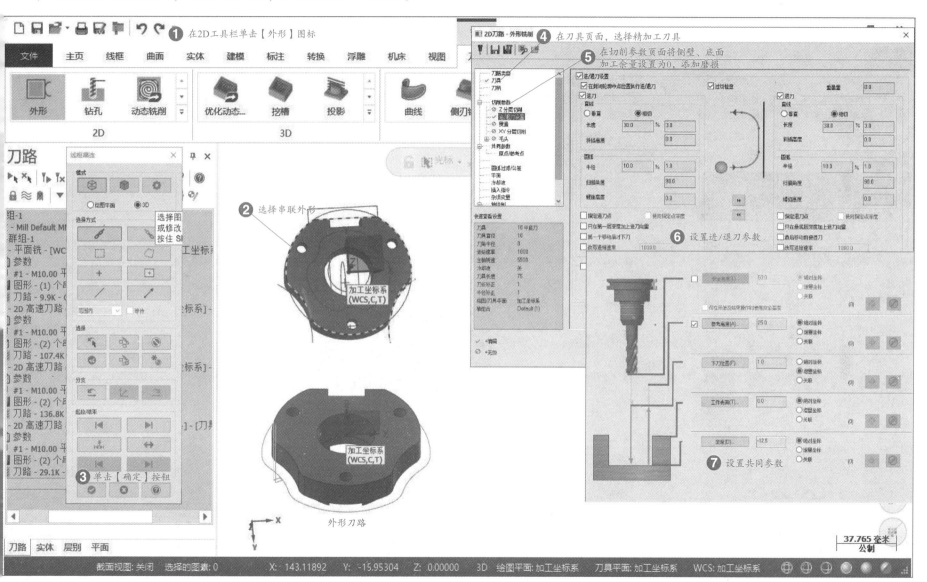

图 2 - 44　创建外形轮廓精加工

（2）法兰零件正面加工程序的编制

1）创建加工坐标系，步骤如图 2 - 45 所示。

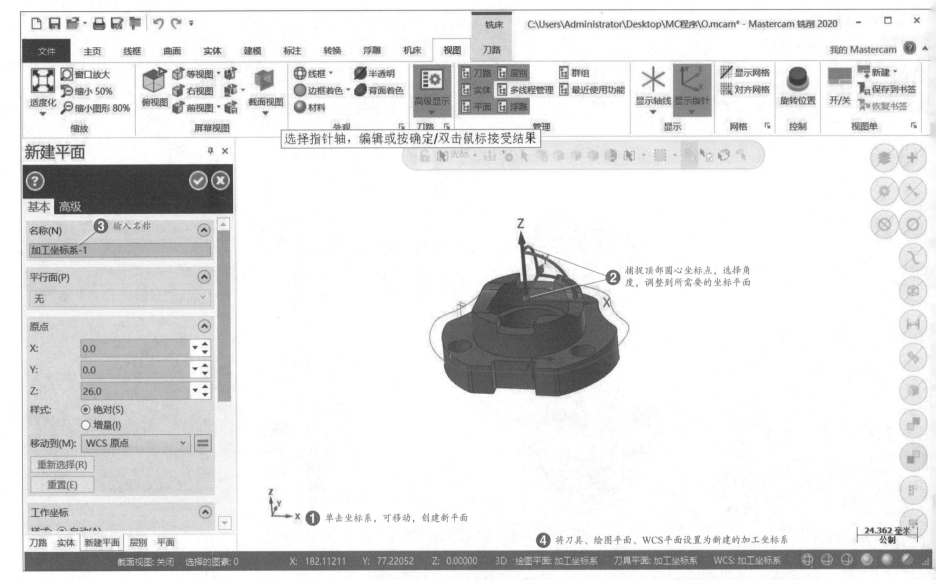

图 2 - 45　创建加工坐标系

2）创建毛坯模型，步骤如图 2–46 所示。

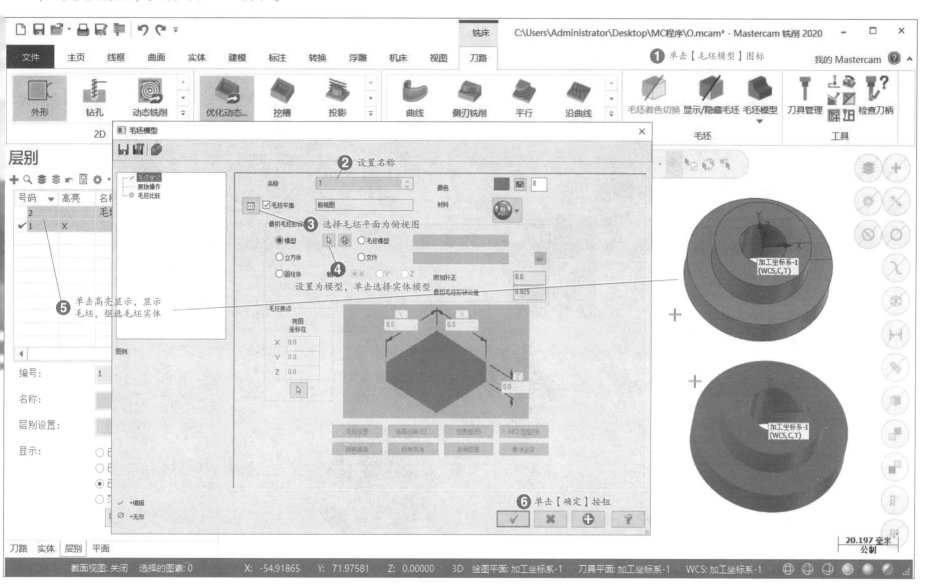

图 2–46　创建毛坯模型

3) 优化动态粗加工，进行总体粗加工，步骤如图 2-47 所示。

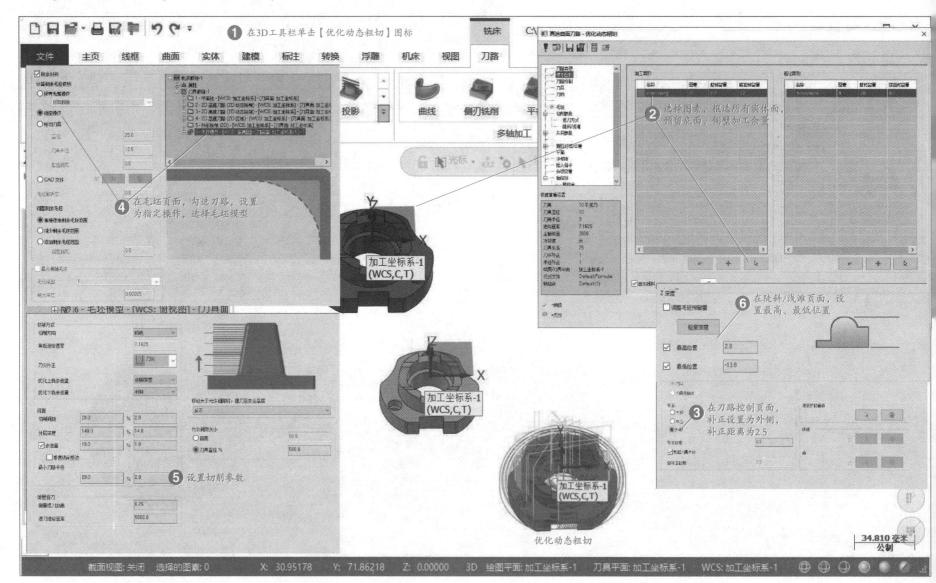

图 2-47 优化动态粗加工

4）螺旋铣孔 ϕ28mm，去除孔余量，步骤如图 2-48 所示。

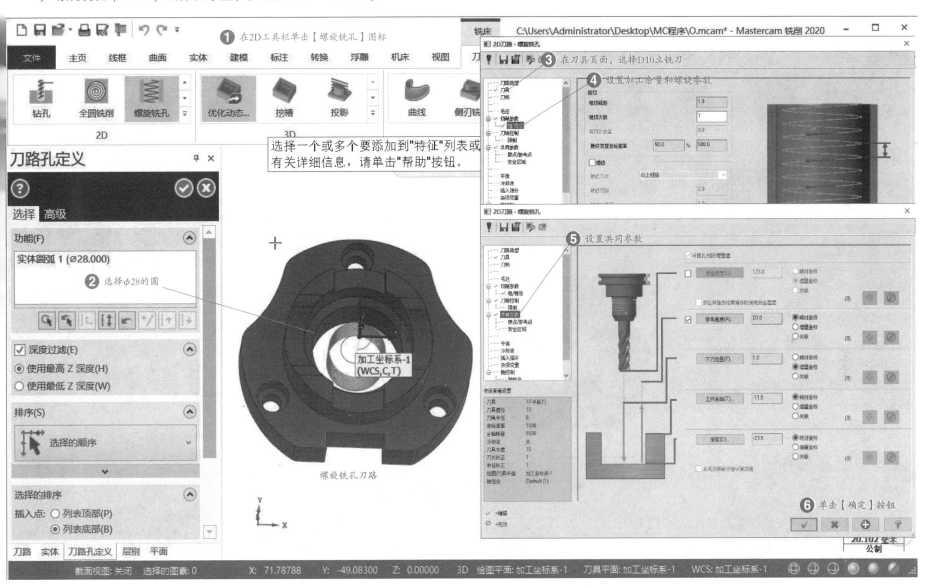

图 2-48　螺旋铣孔 ϕ28mm

5) 螺旋铣孔 ϕ10mm，去除孔余量，步骤如图 2-49 所示。

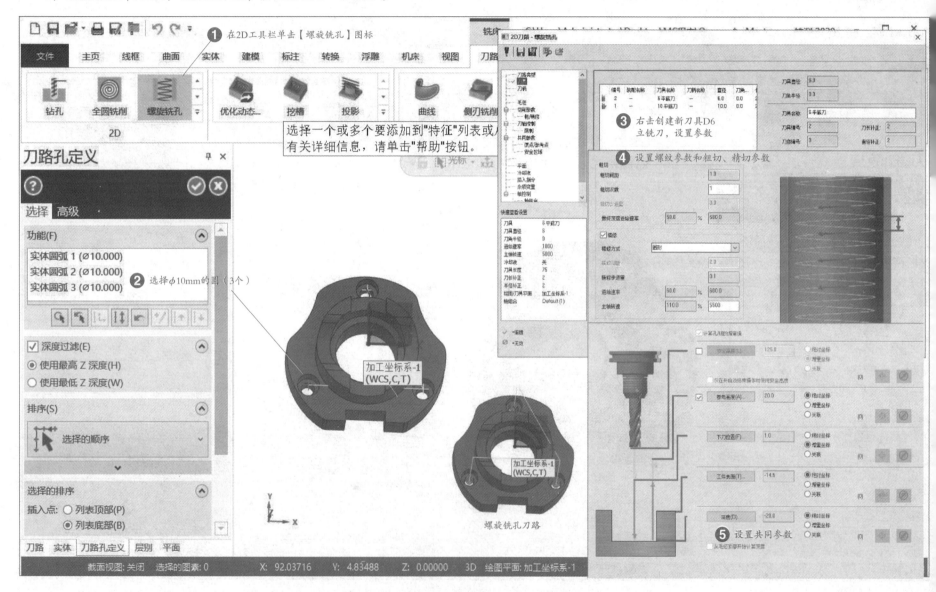

图 2-49　螺旋铣孔 ϕ10mm

6）创建水平刀路，精加工所有平面，步骤如图 2-50 所示。

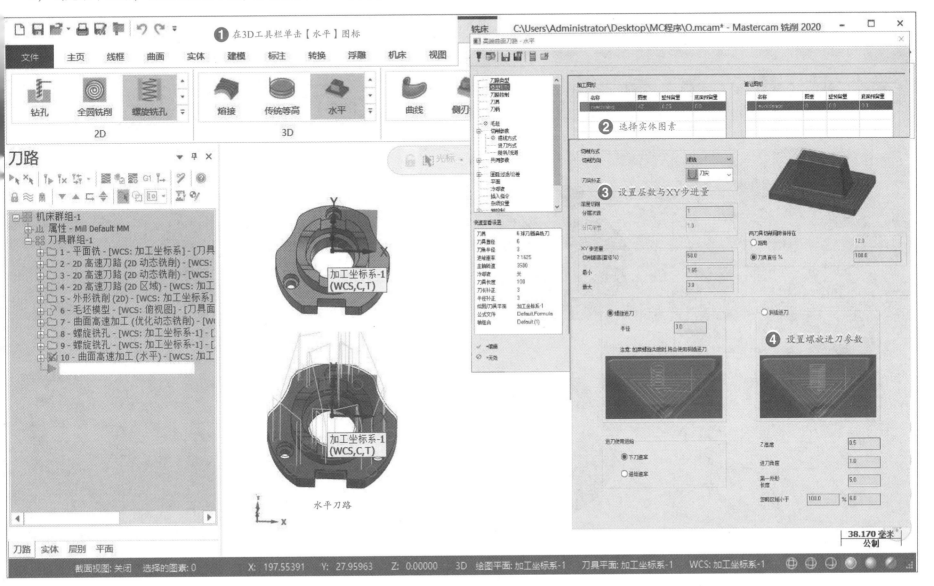

图 2-50　创建水平刀路

7) 创建外形刀路，精加工外形轮廓，控制尺寸精度，步骤如图2-51所示。

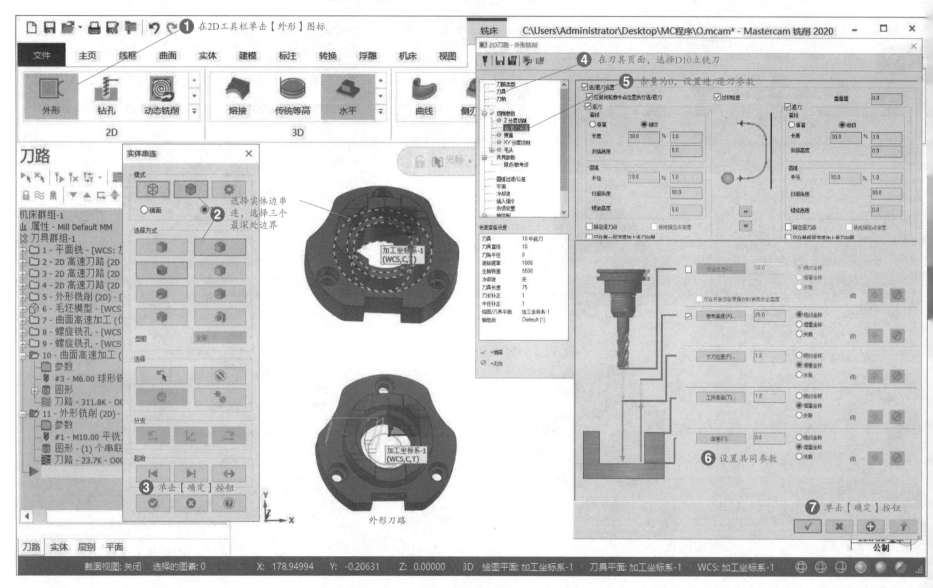

图2-51 精加工外形轮廓

8）创建外形刀路，精加工内轮廓，控制尺寸精度，步骤如图 2 - 52 所示。

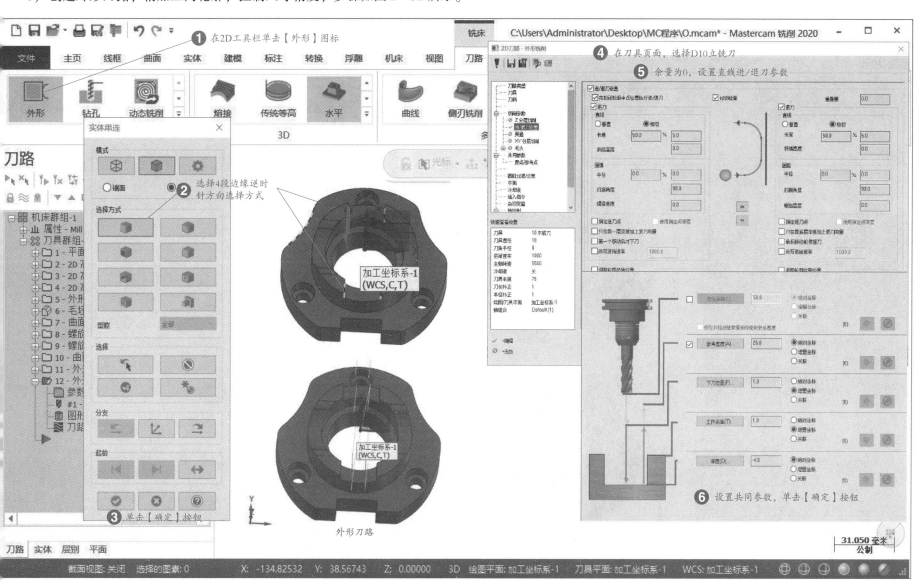

图 2 - 52　精加工内轮廓

9）创建平行刀路，精加工曲面，步骤如图 2 – 53 所示。

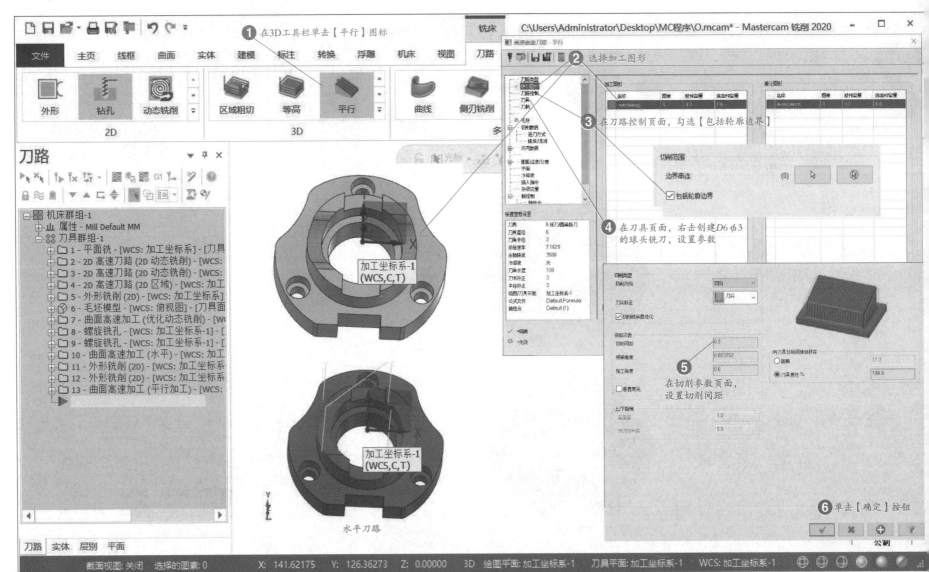

图 2 – 53　精加工曲面

10）创建钻孔刀路，步骤如图 2－54 所示。

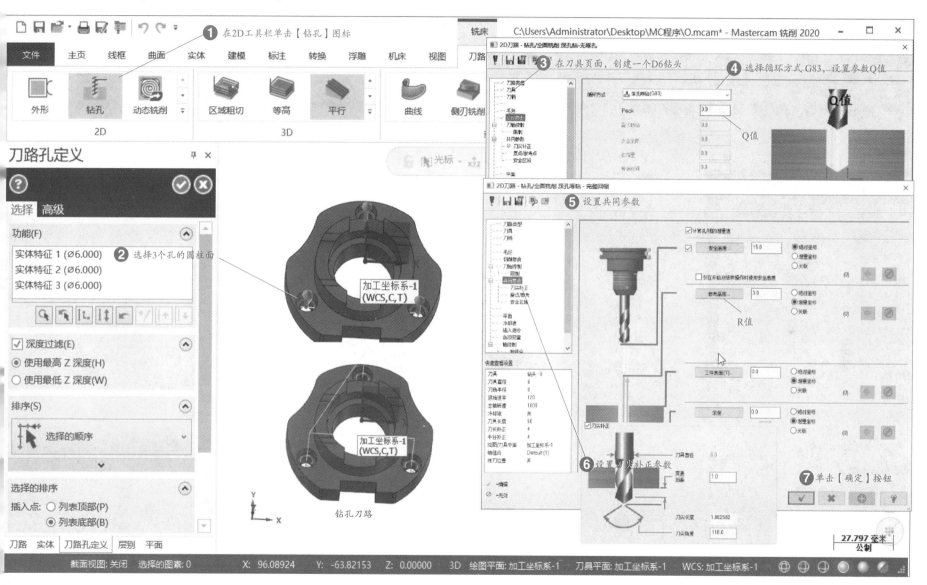

图2-54 钻孔

11) 创建第三面加工坐标系，步骤如图 2–55 所示。

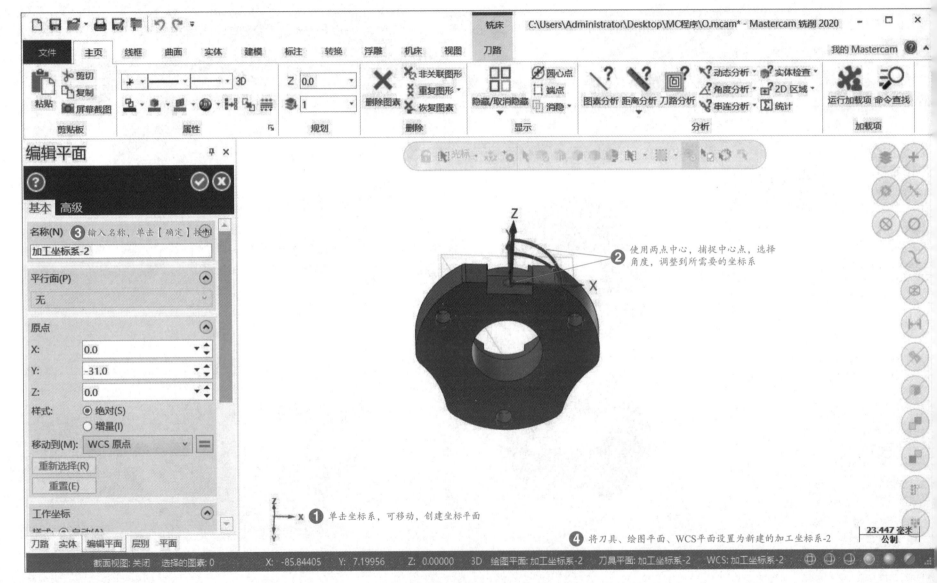

图 2–55 创建第三面加工坐标系

12) 创建剥铣粗加工刀路，步骤如图 2 – 56 所示。

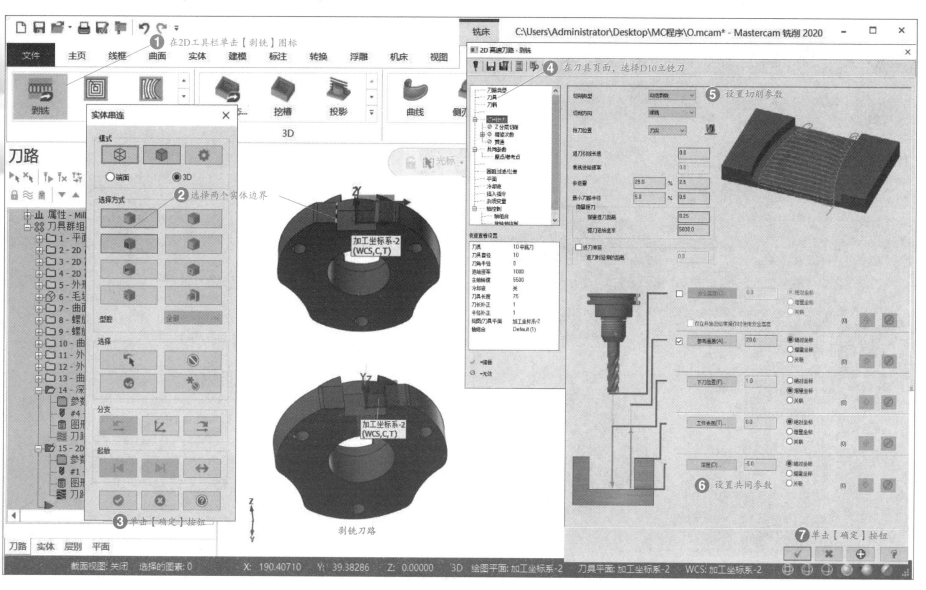

图 2 – 56　剥铣

13）创建底面精加工刀路，步骤如图 2 - 57 所示。

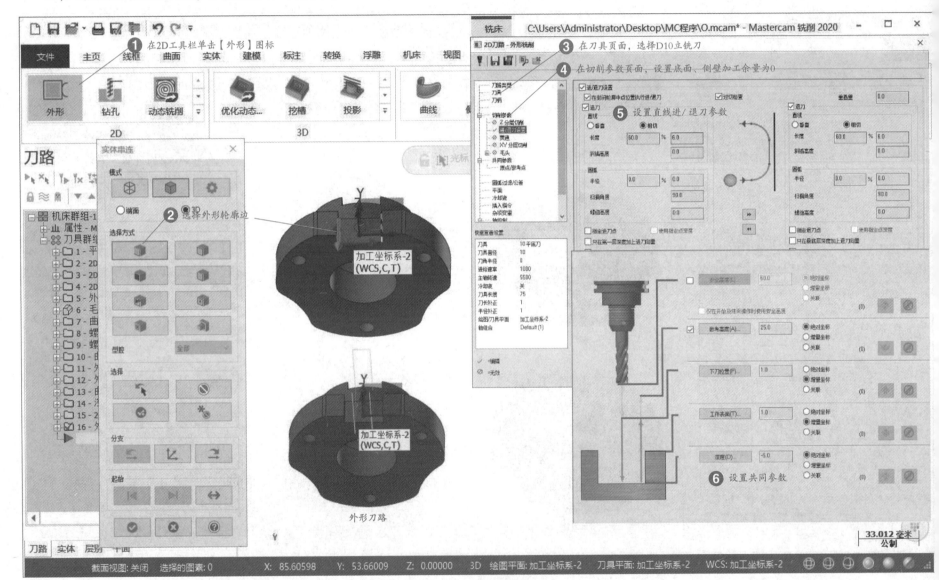

图 2 - 57　底面精加工

14）创建钻孔刀路，步骤如图 2-58 所示。

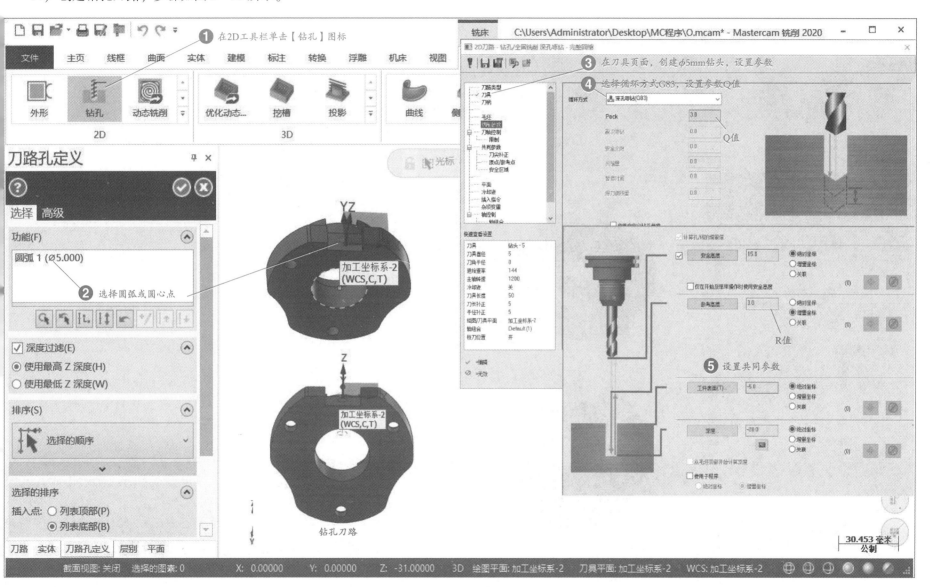

图 2-58　钻孔

15）创建攻螺纹刀路，步骤如图 2 - 59 所示。

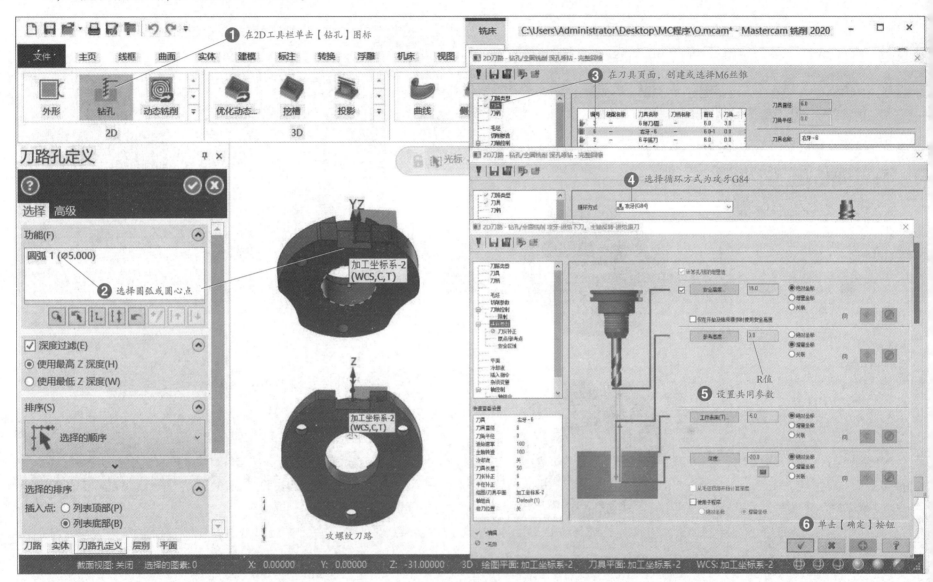

图 2 - 59　攻螺纹

8. 后处理

后处理方法见本项目2.4.1。

9. 填写数控加工程序单 （表2-32）

表 2-32　数控加工程序单

数控加工程序单		产品名称		零件名称		共　页
		工序号		工序名称		第　页
序号	程序编号	工序内容	刀具	吃刀量（相对最高点）/mm	备注	
1						
2						
3						
4						
5						
6						

装夹示意图：

装夹说明：

编程/日期		审核/日期	

10. 法兰的加工

法兰的加工过程见表 2-33。

法兰的加工

表 2-33 法兰的加工过程

序号	加工内容	图例	序号	加工内容	图例
1	底面的加工		4	上面圆柱凸台、内孔及曲面的加工	
2	底面外形及内型腔的加工		5	孔的加工	
3	上平面的加工		6	侧面开口槽与孔的加工	

11. 零件自测

根据表 2-34 对法兰进行自检。

表 2 - 34　法兰自检

零件名称			法兰		允许读数误差				±0.007mm	
序号	项目		尺寸要求/mm	使用的量具	测量结果				项目判定	
					No. 1	No. 2	No. 3	平均值		
1	内孔		$\phi 28^{+0.033}_{0}$						合格（　　）	不合格（　　）
2	宽度		$18^{+0.027}_{0}$						合格（　　）	不合格（　　）
3	深度		$5^{+0.018}_{0}$						合格（　　）	不合格（　　）
结论（对上述测量尺寸进行评价）					合格品（　　）　　　次品（　　）　　　废品（　　）					
处理意见										

2.4.3　连接轴与法兰的装配

本项目连接轴与法兰的装配比较简单，为孔和轴的间隙配合，根据装配图和现场提供的工具进行装配。

2.4.4　场地复位与设备维护

1）根据数控机床维护手册，使用相应的工具和方法，完成清理铁屑、油污并简单清洁机床的工作。

2）根据数控机床维护手册，在使用数控机床加工完成后，完成将气枪、手轮等部件放归原处的检查整理工作。

3）根据数控机床维护手册，在使用数控机床加工完成后，完成将工具、量具、夹具、刀具及工件分类摆放整齐的工作。

4）根据数控机床维护手册，使用相应的工具和方法，完成将机床坐标轴移动到安全位置的工作。

5）检查润滑油泵油位，并试泵是否正常。

6）检查冷却系统是否工作正常，注意及时添加或更换油液。

7）清扫干净工作场地。

8）根据数控机床维护手册和日常工作流程，完成数控机床交接班记录的填写工作。

2.5　项目总结

2.5.1　重点难点分析

（1）重点　连接轴 $\phi 28^{-0.007}_{-0.028}$ mm 外圆的加工，法兰 $\phi 28^{+0.033}_{0}$ mm 内孔精度的控制。

（2）难点　因连接轴为细长轴，调头加工时需要安装顶尖，并进行尺寸精度与同轴度的控制。

（3）注意事项　注意连接轴调头加工时，退、换刀过程中避免与顶尖发生干涉。

2.5.2　企业加工生产

湖南某机械有限责任公司需要中等批量加工某减速箱，传动轴的机械加工工艺过程卡见表 2 - 35，轴承座的机械加工工艺过程卡见表 2 - 36。

表 2-35　机械加工工艺过程卡（传动轴）

机械加工工艺过程卡		产品型号	6100	零件图号	6100-2000-011		
		产品名称	减速箱	零件名称	传动轴	共2页	第1页

| 材料牌号 | 45钢 | 毛坯种类 | 型材 | 毛坯外形尺寸 | $\phi 35mm \times 132mm$ | 每件毛坯可制件数 | 1 | 每台件数 | 1 | 备注 | |

工序号	工序名称	工序内容	车间	工段	设备	工艺装备	工时	
							准终	单件
10	备料	备料 $\phi 35mm \times 132mm$，材料为45						
20	数控车削	车左端面，粗、精车左端 $\phi 32mm$ 外圆、$\phi 28_{-0.028}^{-0.007}mm$ 外圆、$\phi 24_{+0.002}^{+0.023}mm$ 外圆至图样要求并倒角			CAK6140	自定心卡盘		
30	数控车削	车右端面保证总长 138mm，钻中心孔，粗、精车右端 $\phi 28_{+0.002}^{+0.023}mm$ 外圆、Tr32 × P3 - 7e 螺纹至图样尺寸要求，并倒角			CAK6140	自定心卡盘		
40	数控铣削	粗、精铣槽			VMC650	机用虎钳		
50	清洁	用清洁剂清洁零件			钳台	台虎钳		
60	检验	按图样尺寸检测						
					设计（日期）	审核（日期）	标准化（日期）	会签（日期）
标记	处数	更改文件号	签字	日期	标记	处数	更改文件号	签字	日期			

表 2-36　机械加工工艺过程卡（轴承座）

机械加工工艺过程卡			产品型号		6100	零件图号		6100-2000-012		
			产品名称		减速箱	零件名称		轴承座	共 2 页	第 2 页
材料牌号	45 钢	毛坯种类	型材	毛坯外形尺寸	$\phi75mm \times 35mm$	每件毛坯可制件数	1	每台件数	1	备注

工序号	工序名称	工序内容	车间	工段	设备	工艺装备	工时	
							准终	单件
10	备料	备料 $\phi75mm \times 35mm$，材料为 45						
20	数控车削	粗、精车右端面，钻 $\phi28^{+0.033}_{0}$ mm 底孔，车 $\phi46mm$ 外圆，粗、精镗 $\phi34mm$、$\phi28^{+0.023}_{0}$ mm 内孔至图样尺寸要求并倒角			CAK6140	自定心卡盘		
30	数控车削	粗、精车左端面，镗 $\phi50mm$ 内孔至图样尺寸要求并倒角			CAK6140	自定心卡盘		
40	数控铣削	精铣凸轮外形轮廓			VMC650	机用虎钳		
50	钻孔	钻侧面 M5 的底孔和攻螺纹			钻床	台虎钳		
60	钳工	锐边倒钝，去毛刺			钳台	台虎钳		
70	清洁	用清洁剂清洗零件						
80	检验	按图样尺寸检测						
					设计（日期）	审核（日期）	标准化（日期）	会签（日期）
标记	处数	更改文件号	签字	日期	标记	处数	更改文件号	签字	日期	

项目 3

轴套与底板的车铣加工

3.1 项目导读

3.1.1 项目描述

长沙某精密模具有限公司接到轴套与底板零件各 3000 件的订单，交货期为 30 天。轴套与底板的装配图如图 3-1 所示，轴套零件图如图 3-2 所示，底板零件图如图 3-3 所示。该企业工程师根据现有机床设备和工具已经对其进行数控加工工艺设计、生产任务分工和进度安排。

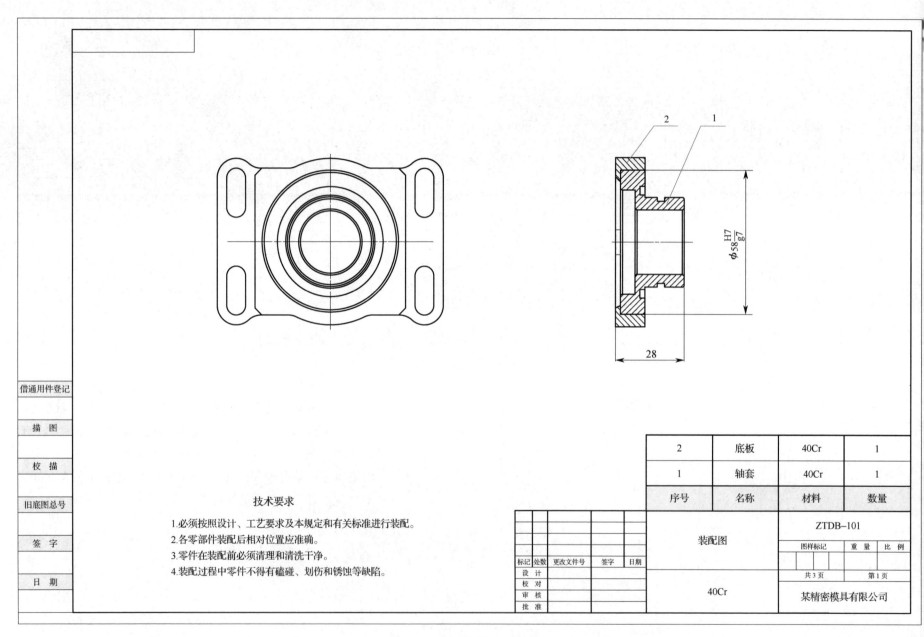

技术要求

1.必须按照设计、工艺要求及本规定和有关标准进行装配。
2.各零部件装配后相对位置应准确。
3.零件在装配前必须清理和清洗干净。
4.装配过程中零件不得有磕碰、划伤和锈蚀等缺陷。

借通用件登记										
描　图										
校　描										
旧底图总号										
签　字										
日　期										

2	底板	40Cr	1
1	轴套	40Cr	1
序号	名称	材料	数量

标记	处数	更改文件号	签字	日期		
设　计					装配图	ZTDB-101
校　对						图样标记　重量　比例
审　核					40Cr	共 3 页　第 1 页
批　准						某精密模具有限公司

图 3-1　轴套与底板的装配图

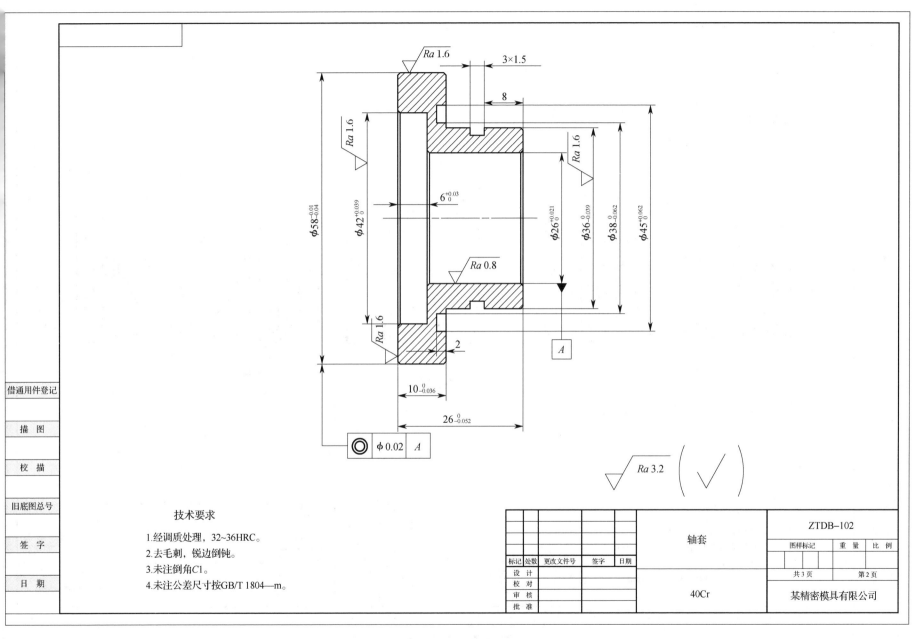

图 3-2　轴套零件图

借通用件登记

描　图

校　描

旧底图总号

签　字

日　期

技术要求

1.经调质处理，32~36HRC。

2.去毛刺，锐边倒钝。

3.未注倒角C1。

4.未注公差尺寸按GB/T 1804—m。

标记	处数	更改文件号	签字	日期	轴套	ZTDB-102
设　计						图样标记　重量　比例
校　对						共3页　第2页
审　核					40Cr	某精密模具有限公司
批　准						

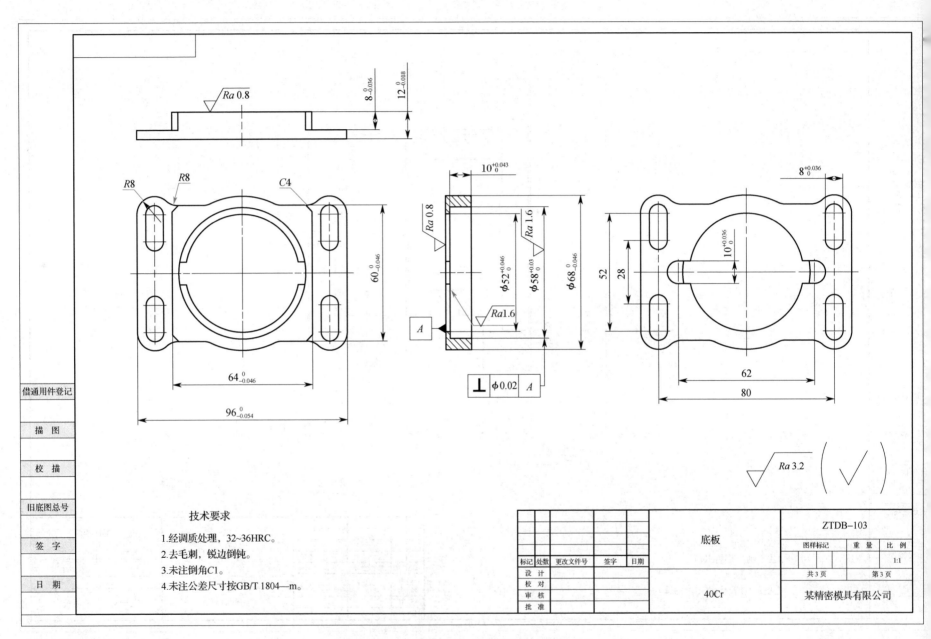

技术要求
1.经调质处理，32~36HRC。
2.去毛刺，锐边倒钝。
3.未注倒角C1。
4.未注公差尺寸按GB/T 1804—m。

借通用件登记									

					底板	ZTDB–103			
						图样标记	重 量	比 例	
标记	处数	更改文件号	签字	日期					1:1
设 计							共3页	第3页	
校 对									
审 核				40Cr			某精密模具有限公司		
批 准									

图3–3 底板零件图

3.1.2 企业工程师分析

由图 3－1～图 3－3 可知，轴套与底板配合的尺寸公差为 $\phi58H7/g7$。轴套的 $\phi58_{-0.04}^{-0.01}$mm 外圆与 $\phi26_{0}^{+0.021}$mm 内孔的尺寸公差等级为 IT7、$\phi36_{-0.039}^{0}$mm 外圆与 $\phi42_{0}^{+0.039}$mm 内孔尺寸公差等级为 IT8、$\phi38_{-0.062}^{0}$mm－$\phi45_{0}^{+0.062}$mm 端面槽的尺寸公差等级为 IT9；$\phi26_{0}^{+0.021}$mm 内孔的表面粗糙度值为 $Ra0.8\mu$m，需要磨削才能达到要求，$\phi58_{-0.04}^{-0.01}$mm、$\phi36_{-0.039}^{0}$mm 外圆与 $\phi42_{-0.039}^{0}$mm 内孔的表面粗糙度值为 $Ra1.6\mu$m；$\phi58_{-0.04}^{-0.01}$mm 外圆与 $\phi26_{0}^{+0.021}$mm 内孔的同轴度公差为 $\phi0.02$mm，要求较高，加工也较难。为保证上述加工精度，轴套左端的底面、$\phi42_{0}^{-0.039}$mm 内孔与 $\phi26_{0}^{+0.021}$mm 内孔在轴套右端加工后一次装夹完成，必须用百分表校准保证同轴度要求，在粗加工之后需要进行调质处理，再进行半精加工和精加工。本次订单产品的数量为 3000 件，生产类型为中批生产（生产类型的判断，参考生产纲领的介绍，提供二维码），根据本企业现有条件，加工选用的机床设备、工具、量具、夹具和刀具见表 3－1，机械加工工艺路线见表 3－2 和表 3－3，轴套零件预计单件工时为 60min，底板预计单件工时为 40min，生产小组分工及生产进度见表 3－4。

表 3－1　机床设备、工具、量具、夹具和刀具清单

序号	名称	规格及型号	数量
1	三轴加工中心	T－V856B	2
2	数控车床	CAK6136	2
3	自定心卡盘	8 寸液压	2
4	机用平口钳	5in 精密角固定式	2
5	游标卡尺	0～200mm	2
6	外径千分尺	0～25mm、25～50mm、50～70mm、70～100mm	各2
7	内测千分尺	5～25mm、25～50mm	各2
8	深度千分尺	0～25mm	各2
9	车刀	外圆车刀、内孔车刀、内槽车刀、端面槽车刀	各2
10	铣刀	$\phi10$mm、$\phi8$mm 硬质合金立铣刀，$\phi3$mm 中心钻、$\phi8$mm 麻花钻	各2

表 3－2　轴套的机械加工工艺路线

工序号	工序内容	定位基准
10	下料 $\phi60$mm×30mm	
20	粗车右端面、右端 $\phi36_{-0.039}^{0}$mm 外圆、3mm×1.5mm 槽、$\phi38_{-0.062}^{0}$mm－$\phi45_{0}^{+0.062}$mm 端面槽，留 1mm 加工余量	毛坯左端面、外圆
30	粗车左端面、左端 $\phi58_{-0.04}^{-0.01}$mm 外圆、$\phi42_{0}^{+0.039}$mm 和 $\phi26_{0}^{+0.021}$mm 内孔，留 1mm 加工余量	右端面、$\phi36_{-0.039}^{0}$mm 外圆
40	调质 32～36HRC	
50	精车右端面、右端 $\phi36_{-0.039}^{0}$mm 外圆、3mm×1.5mm 槽、$\phi38_{-0.062}^{0}$mm－$\phi45_{0}^{+0.062}$mm 端面槽至尺寸	左端面、$\phi58_{-0.04}^{-0.01}$mm 外圆
60	精车左端面、左端 $\phi58_{-0.04}^{-0.01}$mm 外圆、$\phi42_{0}^{+0.039}$mm 至尺寸；半精车 $\phi26_{0}^{-0.021}$mm 内孔，留 0.3mm 加工余量	右端面、$\phi36_{-0.039}^{0}$mm 外圆
70	磨 $\phi26_{0}^{-0.021}$mm 内孔至尺寸	右端面、$\phi36_{-0.039}^{0}$mm 外圆

表 3－3　底板的机械加工工艺路线

工序号	工序内容	定位基准
10	下料 100mm×70mm×15mm	
20	粗铣底面	毛坯上表面
30	粗铣上表面各特征，留 1mm 加工余量	底面
40	粗铣底面各特征，留 1mm 加工余量	上表面
50	调质 32～36HRC	
60	半精铣上表面，留 0.3mm 加工余量；精铣各特征至尺寸	下表面
70	半精铣底面，留 0.3mm 加工余量；精铣各特征至尺寸	上表面
80	磨上、下表面至尺寸	上、下表面

表 3-4　生产小组分工及生产进度

岗位	姓名	岗位任务	生产进度
生产组长	张刚	（1）根据生产计划进行生产，保质保量完成生产任务，提升产品合格率、降低物料制程损耗、提高生产率，达到客户要求 （2）现场管理、维护车间秩序及各项规章制度，推进 5S 进程 （3）在生产过程中发现异常及时向上级领导反馈并处理	全面调度，按计划时间内完成交货
数控工艺编程员	龙威	（1）负责数控加工工艺文件的编制 （2）负责数控设备程序的编制及调试 （3）负责汇总数控机床加工的各种工艺文件和切削参数 （4）负责生产所需物资的申报及汇总	首日完成工艺制订与编程及首件生产，根据加工情况及时优化
机床操作员	罗千禧、李龙、周龙平	（1）负责按工艺文件要求操作数控机床，完成零件的车铣加工工序 （2）按品质管理的检测频率对产品进行质量检验 （3）调整、控制车铣加工部分的产品质量	每日完成 100 套
质量检测员	李桐	（1）负责按产品的技术要求对产品进行质量检验和入库 （2）提出品质管理的建议和意见 （3）说明产品在生产中的质量控制点和经常出现的质量问题	早上首检、按时完成批量检测

轴套与底板车铣加工任务描述

3.2　项目转化

3.2.1　任务描述

　　根据长沙某精密模具有限公司生产的轴套与底板零件的功能与特征进行考题转化，对应的工作任务和职业技能要求考核点见表 3-5，考核图样如图 3-4 ~ 图 3-6 所示，并根据考试现场操作的方式，完成考核任务，详细考核任务书见附录 B。

表 3-5　工作任务和职业技能要求考核点

工作领域	工作任务	主要职业技能要求
数控编程	（1）车铣配合件加工工艺文件编制 （2）车削件数控编程 （3）铣削件数控编程	（1）编制数控加工工序卡、数控加工刀具卡、数控加工程序单 （2）编制凸台、型腔、钻孔、键槽的数控铣削加工程序 （3）编制外圆、内孔、端面槽的数控车削加工程序
数控加工	（1）车铣配合件加工准备 （2）车铣配合件加工 （3）零件加工精度检测与装配	（1）完成凸台、型腔、钻孔、键槽的数控铣削加工 （2）完成外圆、内孔、端面的数控车削加工 （3）完成零件精度检测与装配
数控机床维护	数控机床故障处理	根据数控系统的提示，使用相应的工具和方法，解决数控车床润滑油液面高度过低、气压不足、软限位超程、电柜门未关、刀库和刀架电动机过载等一般故障

　　1. 职业素养（8 分）

　　2. 根据机械加工工艺过程卡，完成指定零件的数控加工工序卡、数控加工刀具卡、数控加工程序单的填写（12 分）

　　3. 零件编程及加工（80 分）

　　1）按照任务书要求，完成零件的加工（70 分）。

　　2）根据自检表完成零件的部分尺寸自检（5 分）。

　　3）按照任务书完成零件的装配（5 分）。

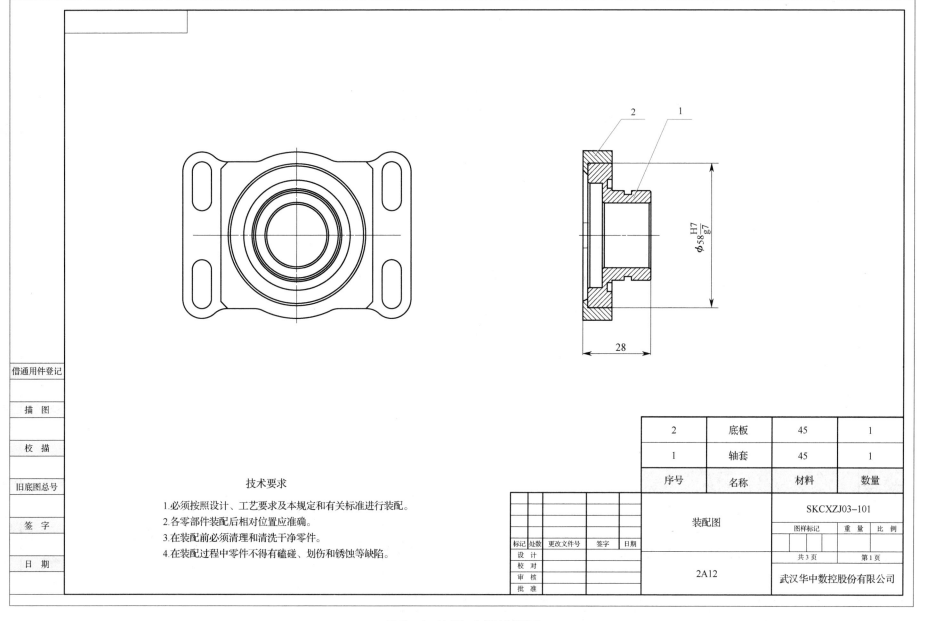

借通用件登记

描　图

校　描

旧底图总号

签　字

日　期

技术要求

1.必须按照设计、工艺要求及本规定和有关标准进行装配。
2.各零部件装配后相对位置应准确。
3.在装配前必须清理和清洗干净零件。
4.在装配过程中零件不得有磕碰、划伤和锈蚀等缺陷。

2	底板	45	1
1	轴套	45	1
序号	名称	材料	数量

			装配图	SKCXZJ03-101			
				图样标记	重量	比例	
标记	处数	更改文件号	签字	日期			
设　计							
校　对							
审　核			2A12	共3页	第1页		
批　准				武汉华中数控股份有限公司			

图3-4　轴套与底板的装配图

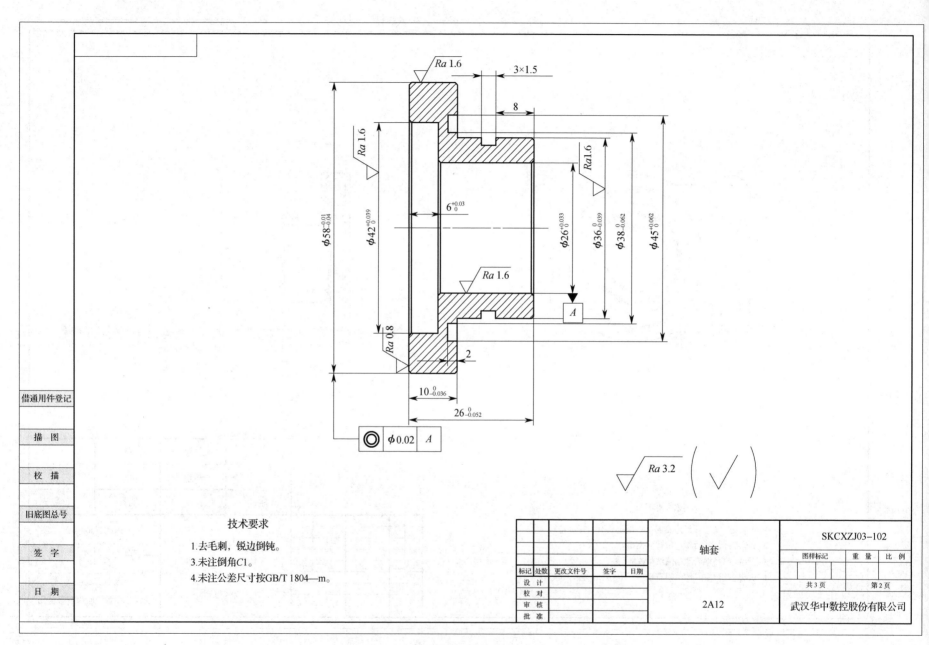

技术要求

1.去毛刺，锐边倒钝。

3.未注倒角C1。

4.未注公差尺寸按GB/T 1804—m。

					轴套	SKCXZJ03-102		
						图样标记	重 量	比 例
标记	处数	更改文件号	签字	日期				
设 计						共 3 页		第 2 页
校 对								
审 核					2A12	武汉华中数控股份有限公司		
批 准								

借通用件登记

描 图

校 描

旧底图总号

签 字

日 期

图 3-5 轴套零件图

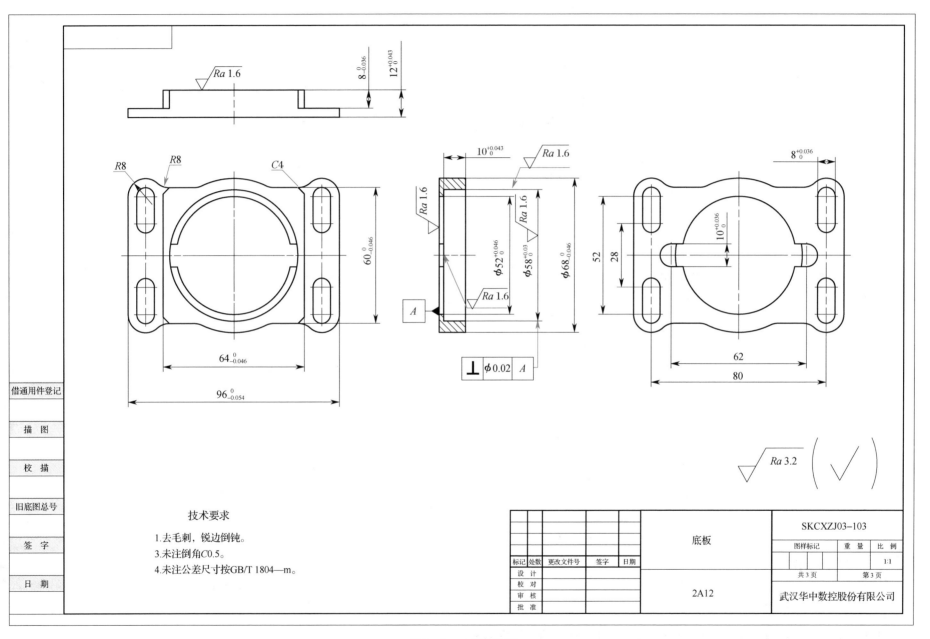

技术要求

1. 去毛刺，锐边倒钝。
3. 未注倒角C0.5。
4. 未注公差尺寸按GB/T 1804—m。

			底板	SKCXZJ03–103		
				图样标记	重量	比例
标记	处数	更改文件号　签字　日期				1:1
设　计				共3页		第3页
校　对			2A12			
审　核				武汉华中数控股份有限公司		
批　准						

图 3-6　底板零件图

3.2.2 任务流程图

轴套与底板的车铣加工任务流程如图3-7所示。

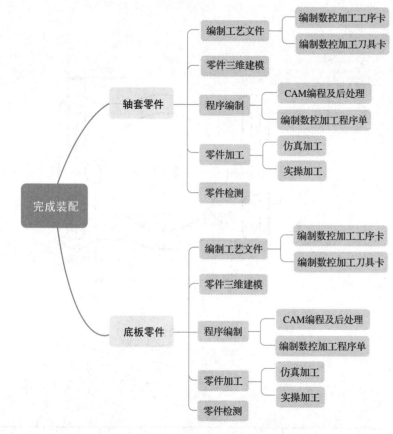

图3-7 轴套与底板的车铣加工任务流程

3.3 项目准备

3.3.1 零件图的识读

如图3-5所示，轴套表面主要由外圆、内孔、外沟槽、端面等构成，外圆轮廓由直线组成，各几何元素之间关系明确，尺寸标注完整、正确。

其中 $\phi 58_{-0.04}^{-0.01}$ mm 外圆与 $\phi 26_{0}^{+0.033}$ mm 内孔的尺寸公差等级为IT7，表面粗糙度值为 $Ra1.6\mu m$，表面质量要求较高；其他外圆与内孔的尺寸公差等级为IT8，表面粗糙度值为 $Ra1.6\mu m$，表面质量要求也较高；端面槽的尺寸公差等级为IT9；左端 $\phi 58_{-0.04}^{-0.01}$ mm 外圆对右端 $\phi 26_{0}^{+0.033}$ mm 内孔（基准 A）有同轴度要求（$\phi 0.02$ mm）。零件材料为2A12，切削加工性能较好，无热处理要求。

如图3-6所示，底板表面主要由平面、凸台、孔等构成，凸台轮廓由直线和圆弧组成，各几何元素之间关系明确，尺寸标注完整、正确。其中 $\phi 58_{0}^{+0.03}$ mm 内孔尺寸公差等级为IT7，表面粗糙度值为 $Ra1.6\mu m$，表面质量要求较高；槽的尺寸公差等级为IT9；其余特征尺寸公差等级为IT8，表面粗糙度值为 $Ra3.2\mu m$，表面质量要求也较高；$\phi 58_{0}^{+0.03}$ mm 孔的轴线对底面（基准 A）有垂直度要求。零件材料为2A12，切削加工性能较好，无热处理要求。

请根据上述识图分析，填写表3-6和表3-7。

表3-6 轴套零件图分析

项目	项目内容
零件名称	轴套
零件材料	2A12
加工数量	1
重要尺寸公差	$\phi 26_{0}^{+0.033}$ mm 内孔、$\phi 58_{-0.04}^{-0.01}$ mm 外圆
重要尺寸几何公差	$\phi 58_{-0.04}^{-0.01}$ mm 外圆对 $\phi 26_{0}^{+0.033}$ mm 内孔同轴度公差为 $\phi 0.02$ mm
重要表面粗糙度值	$\phi 26_{0}^{+0.033}$ mm 内孔表面与 $\phi 58_{-0.04}^{-0.01}$ mm 外圆表面
零件加工难点	$\phi 26_{0}^{+0.033}$ mm 内孔、$\phi 58_{-0.04}^{-0.01}$ mm 外圆、$\phi 38_{-0.062}^{0}$ mm $-\phi 45_{0}^{+0.062}$ mm 端面槽

表 3 - 7　底板零件图分析

项目	项目内容
零件名称	底板
零件材料	2A12
加工数量	1
重要尺寸公差	$\phi 58^{+0.03}_{0}$ mm 内孔、$\phi 52^{+0.046}_{0}$ mm 内孔
重要尺寸几何公差	$\phi 58^{+0.03}_{0}$ mm 内孔与基准面 A 的垂直度公差为 $\phi 0.02$ mm
重要表面粗糙度值	基准面 A、$\phi 58^{+0.03}_{0}$ mm 内孔表面
零件加工难点	$\phi 58^{+0.03}_{0}$ mm 内孔，基准面 A 对 $\phi 58^{+0.03}_{0}$ mm 内孔的垂直度公差为 $\phi 0.02$ mm

3.3.2　机械工艺过程卡的识读

　　根据数控加工工艺划分的原则，从轴套零件图（图 3 - 5）中可以看出，设定以表面粗糙度值为 $Ra1.6\mu m$ 的 $\phi 58^{-0.01}_{-0.04}$ mm 的外圆为基准，因此按照基准先行、先粗后精、先主后次的加工顺序，先加工右端，再加工左端。制订轴套的机械加工工艺过程卡，见表 3 - 8。

表 3 - 8　轴套机械加工工艺过程卡

零件名称	轴套	机械加工工艺过程卡	毛坯种类	棒料	共 1 页
			材料	2A12	第 1 页
工序号	工序名称	工序内容	设备		工艺装备
10	备料	备料 $\phi 60$ mm × 30 mm，材料为 2A12			
20	数控车削	车右端面；粗、精车右端 $\phi 36^{0}_{-0.039}$ mm 外圆至图样要求及倒角；车 3 mm × 1.5 mm 外沟槽；车端面槽至图样要求；倒角	CAK6140		自定心卡盘
30	数控车削	车左端面，保证总长为 $26^{0}_{-0.052}$ mm；粗、精车左端 $\phi 58^{-0.01}_{-0.04}$ mm 外圆至图样要求及倒角；钻 $\phi 23$ mm 底孔，粗、精车 $\phi 42^{+0.039}_{0}$ mm 和 $\phi 26^{+0.033}_{0}$ mm 内孔至图样要求及倒角	CAK6140		自定心卡盘
40	钳工	锐边倒钝，去毛刺	钳台		台虎钳
50	清洁	用清洁剂清洗零件			
60	检验	按图样尺寸检测			
70					
编制		日期	审核		日期

从底板零件图（图3-6）中可以看出 A 面为设计基准，表面粗糙度值为 $Ra1.6\mu m$，$\phi 58^{+0.03}_{0}mm$ 的孔与 A 面有垂直度要求（0.02mm），表面粗糙度值为 $Ra1.6\mu m$。因此按照先面后孔、先粗后精、先主后次的加工顺序，应选用先粗铣，后精铣的加工方式先铣削加工 A 面，A 面加工好之后选用先粗铣，后精铣（或精镗）的加工方式加工 $\phi 58^{+0.03}_{0}mm$ 孔，然后粗、精铣其轮廓；A 面加工完成后以此面为基准加工其余轮廓。先加工上平面，并在一次装夹中同时完成台阶面及其轮廓和各孔的粗、精加工，保证轮廓、孔和上平面的位置要求。制订底板的机械加工工艺过程卡，见表3-9。

表3-9　底板的机械加工工艺过程卡

零件名称	底板	机械加工工艺过程卡		毛坯种类	板料	共1页
				材料	2A12	第1页
工序号	工序名称	工序内容			设备	工艺装备
10	备料	备料 100mm×70mm×15mm，材料为 2A12				
20	数控铣削	粗、精铣底板正面平面、$\phi 58^{+0.03}_{0}mm$、$\phi 52^{+0.046}_{0}mm$ 内孔、$8^{+0.036}_{0}mm$ 宽槽、$64^{~0}_{-0.046}mm$ 外形与 $C4$ 倒角至图样要求			VMC850	自定心卡盘
30	数控铣削	粗、精铣底板反面平面、反面外形、$10^{+0.043}_{0}mm$ 宽槽至图样要求			VMC850	自定心卡盘
40	钳工	锐边倒钝，去毛刺			钳台	台虎钳
50	清洁	用清洁剂清洗零件				
60	检验	按图样尺寸检测				
70						
编制		日期		审核	日期	

3.3.3　环境与设备

实施本项目所需设备、辅助工具、量具见表3-10。

表3-10　设备、辅助工具、量具

序号	名称	简图	型号/规格	数量	序号	名称	简图	型号/规格	数量
1	加工中心		机床行程：X850mm，Y550mm，Z500mm；最高转速：8000r/min；系统：HNC-818D	1	2	数控车床		机床行程：X280mm，Z750mm；最大回转直径：500mm；系统：HNC-818A	1

序号	名称	简图	型号/规格	数量	序号	名称	简图	型号/规格	数量
3	自定心卡盘		TZ－250	1	8	百分表与表座		0.01mm	1
4	机用平口钳		TZ－250	1	9	回转顶尖		—	1
5	游标卡尺		0~25mm，25~50mm，50~75mm，75~100mm	各1	10	钻夹头		—	1
6	千分尺		0.02mm	1	11	台虎钳		—	1
7	游标深度卡尺		0.01mm	1					

1. 安全文明生产

数控车床安全文明生产和操作规程、数控铣床安全文明生产和操作规程见附录C，表3-11列举了安全文明生产的正确操作方式、禁止与违规行为。

表3-11 安全文明生产的正确操作方式、禁止与违规行为

序号	正确操作方式	禁止与违规行为	序号	正确操作方式	禁止与违规行为
1	操作时须穿好工作服、安全鞋，戴好工作帽及防护镜	禁止穿拖鞋进入车间、戴手套操作机床	3	开机后低速预热机床2~3min	
			4	检查润滑系统，并及时加注润滑油	
			5	将调整刀具、夹具、将所用的工具放回工具箱	将调整刀具、夹具所用的工具遗忘在机床内
2	机床周围无其他物件，操作空间足够大	机床周围放置障碍物	6	机床起动前，必须关好机床防护门	机床运行时，打开机床防护门
			7	车床运转中，操作者不得离开岗位	操作者在车床运转中进行编程
			8	禁止用手或其他任何方式接触正在旋转的主轴、工件或其他运动部位	
			9	切屑必须要用铁钩子或毛刷来清理	用手接触刀尖和切屑
			10	关机时，依次关闭机床操作面板上的电源和总电源	直接关闭总电源

2. 机床准备

1）根据数控机床日常维护手册，使用相应的工具和方法，对机床外接电源、气源进行检查，并根据异常情况，及时通知专业维修人员检修。

2）根据数控机床日常维护手册，使用相应的工具和方法，对液压系统、润滑系统、冷却系统等油液进行检查，并正确加注油品及切削液。

3）根据数控机床日常维护手册，使用相应的工具和方法，对机床主轴上的刀具装夹系统进行检查，并根据异常情况，及时通知专业维修人员检修。

4）根据加工装夹要求，使用相应的工具和方法，对工件的装夹进行检查，完成调整或重新装夹，以符合要求。

5）根据数控机床日常维护手册，使用相应的工具和方法，完成加工前机床防护门窗、拉板、行程开关等的检查，如有异常情况，能及时通知专业维修人员检修。

6）根据数控机床日常维护手册，机床开始工作前要有预热，每次开机应低速运行3~5min，查看各部分运转是否正常。机床运行应遵循先低速、中速，再高速的原则，其中低速、中速运行时间不得少于3min。当确定无异常情况后，方可工作。

3. 刀具准备

1）按照数控加工刀具卡准备刀具及刀柄，如图3-8和图3-9所示。

图3-9　数控铣削加工刀具

2）检查刀具及切削刃是否磨损及损坏并做好清洁。

3）检查刀柄、卡簧是否损坏并做好清洁，确保能与刀具、机床准确装配。

4）根据现场位置将刀具摆放整齐。

4. 量具准备

1）按照机械加工工艺过程卡准备量具（图3-10），见表3-12。

图3-8　数控车削加工刀具

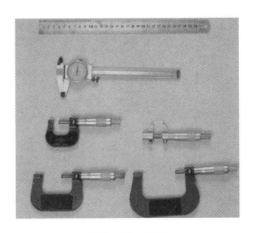

图3-10　量具

表 3 - 12　量具清单

序号	名称	规格	数量
1	钢直尺	0~300mm	1
2	带表游标卡尺	0~150mm	1
3	外径千分尺	0~25mm、25~50mm、50~75mm、75~100mm	各1
4	内测千分尺	5~30mm	1

2）检查量具是否损坏。

3）检查或校准量具零位。

4）根据现场位置将量具摆放整齐。

5. 毛坯的准备

准备 $\phi60mm \times 30mm$、$100mm \times 70mm \times 15mm$ 铝合金（2A12）毛坯各一件。

6. 工具、夹具的准备

1）按照机械加工工艺过程卡准备夹具及安装工具（图 3 - 11），见表 3 - 11。

2）检查夹具是否损坏并做好清洁。

图 3 - 11　安装工具

表 3 - 13　工具、夹具清单

序号	名称	规格	数量
1	磁力表座 + 百分表	万向	1
2	卡盘扳手		1
3	刀架扳手		各1
4	垫片	1mm、2mm、5mm、10mm	若干
5	垫铁		1
6	机用平口钳及附件		1
7	自定心卡盘及附件		1

3.3.4 考核标准与评分标准

1. 职业素养 （表 3 - 14，附评分标准细则）

表 3 - 14　数控车铣加工职业技能等级标准（中级）评分表——职业素养

试题编号				考生代码			配分	8
场次		工位编号			工件编号		成绩小计	
序号	考核项目	评分标准						得分
1	职业与操作规程（共8分）	（1）按正确的顺序开关机床，关机时铣床工作台、车床刀架停放在正确的位置（0.5分）						
		（2）检查与保养机床润滑系统（0.5分）						
		（3）正确操作机床及排除机床软故障（机床超程、程序传输、正确起动主轴等）（0.5分）						
		（4）正确使用自定心卡盘扳手、加力杆安装车床工件（0.5分）						
		（5）清洁铣床工作台与夹具安装面（0.5分）						
		（6）正确安装和校准机用平口钳、卡盘等夹具（1分）						
		（7）正确安装车床刀具，刀具伸出长度合理，校准中心高度，禁止使用加力杆（0.5分）						
		（8）正确安装铣床刀具，刀具伸出长度合理，清洁刀具与主轴的接触面（1分）						
		（9）合理使用辅助工具（寻边器、分中棒、百分表等）完成工作坐标系的设置（0.5分）						
		（10）工具、量具、刀具按规定位置正确摆放（0.5分）						
		（11）按要求穿戴安全防护用品（工作服、安全鞋、防护镜）（1分）						
		（12）完成加工之后，清扫机床及周边环境（0.5分）						
		（13）机床开机和完成加工后，按要求对机床进行检查并做好记录（0.5分）						
								扣分
2	安全文明生产（5分，此项违规扣分，扣完为止）	（1）机床加工过程中工件掉落（1分）						
		（2）加工中不关闭防护门（1分）						
		（3）刀具非正常损坏（每次0.5分）						
		（4）发生轻微机床碰撞事故（2.5分）						
		（5）如发生重大事故（人身和设备安全事故等）、严重违反工艺原则和情节严重的操作、违反考场纪律等，由考评员组决定取消资格						
		合计						
考评员签字					考生签字			

2. 工艺文件 （表3-15）

表3-15 数控车铣加工职业技能等级标准（中级）评分表——工艺文件

试题编号			考生代码			配分	12
场次		工位编号		工件编号		成绩小计	
序号	考核项目	评分标准					得分
1	数控加工工序卡（6分）	（1）工序卡表头信息（1分）					
		（2）根据机械加工工艺过程卡编制工序卡工步，缺一个工步扣0.5分（共2.5分）					
		（3）工序卡工步切削参数合理，一项不合理扣0.5分（共2.5分）					
2	数控加工刀具卡（3分）	（1）数控刀具卡表头信息（0.5分）					
		（2）每个工步刀具参数合理，一项不合理扣0.5分（共2.5分）					
3	数控加工程序单（3分）	（1）数控加工程序单表头信息（0.5分）					
		（2）每个程序对应的内容正确，一项不合理扣0.5分（共2分）					
		（3）装夹示意图及安装说明（0.5分）					
合计							
考评员签字				审核			

3. 零件加工质量 （评分标准细则）

表3-16～表3-18为轴套、底板的数控车铣加工职业技能等级标准（中级）评分表及零件自检表。

表 3-16 数控车铣加工职业技能等级标准（中级）评分表——轴套

试题编号				考生代码				配分	**35**	
场次			工位编号			工件编号		成绩小计		
序号	配分	尺寸类型	公称尺寸	上极限偏差/mm	下极限偏差/mm	上极限尺寸/mm	下极限尺寸/mm	实际尺寸	得分	备注
A–主要尺寸										
1	5	ϕ	58mm	−0.01	−0.04	57.99	57.96			
2	3	ϕ	42mm	+0.039	0	42.039	42			
3	3	ϕ	26mm	+0.033	0	26.033	26			
4	2	ϕ	36mm	0	−0.039	36	35.961			
5	2	ϕ	38mm	0	−0.062	38	37.938			
6	2	ϕ	45mm	+0.062	0	45.062	45			
7	2	L	26mm	0	−0.052	26	25.948			
8	2	L	10mm	0	−0.036	10	9.964			
9	2	L	6mm	+0.03	0	6.03	6			
10	0.5	L	8mm	+0.2	−0.2	8.2	7.8			
11	0.5	L	2mm	+0.1	−0.1	2.1	1.9			
12	1	L	3mm	+0.1	−0.1	3.1	2.9			
13	1	ϕ	33mm	+0.3	−0.3	33.1	32.9			
14	1	C	1mm	+0.1	−0.1	1.1	0.9			
B–几何公差	配分	公差类型	数值			最大值/mm		值	得分	备注
1	3	同轴度	0.02mm			0.02			0	
C–表面粗糙度值	配分	表面结构	数值			最大值/μm		实测值	得分	备注
1	1	表面粗糙度值	$Ra1.6\mu m$			1.6				
2	1	表面粗糙度值	$Ra1.6\mu m$			1.6				
3	1	表面粗糙度值	$Ra1.6\mu m$			1.6				
4	1	表面粗糙度值	$Ra1.6\mu m$			1.6				
5	1	表面粗糙度值	$Ra3.2\mu m$			3.2				
总计										
检测考评员签字										

项目1

项目2

项目3

附录

表 3-17　数控车铣加工职业技能等级标准（中级）评分表——底板

试题编号				考生代码				配分		45
场次			工位编号				工件编号		成绩小计	
序号	配分	尺寸类型	公称尺寸/mm	上极限偏差/mm	下极限偏差/mm	上极限尺寸/mm	下极限尺寸/mm	实际尺寸	得分	备注
A–主要尺寸										
1	5	φ	58mm	+0.03	0	58.03	58			
2	3	φ	52mm	+0.046	0	52.046	52			
3	3	φ	68mm	0	−0.046	68	67.954			
4	3	φ	96mm	0	−0.054	96	95.946			
5	3	φ	64mm	0	−0.046	64	63.954			
6	2	φ	60mm	0	−0.046	60	59.954			
7	2	L	12mm	+0.043	0	12.043	0			
8	2	L	8mm	0	−0.036	8	7.964			
9	2	L	8mm	+0.036	0	8.036	8			
10	2	L	10mm	+0.036	0	10.036	10			
11	2	L	10mm	+0.043	0	10.043	10			
12	1	L	8mm	+0.2	−0.2	8.2	7.8			
13	1	C	4mm	+0.2	−0.2	4.2	3.8			
14	1									
B–几何公差	配分	公差类型	数值			最大值/mm		值	得分	备注
1	3	垂直度	0.02mm	0	0.00	0.02	0.00			
C–表面粗糙度值	配分	表面结构	数值			最大值/μm		实测值	得分	备注
1	1	表面粗糙度值	Ra1.6μm			1.6				
2	1	表面粗糙度值	Ra1.6μm			1.6				
3	1	表面粗糙度值	Ra1.6μm			1.6				
4	1	表面粗糙度值	Ra1.6μm			1.6				
5	1	表面粗糙度值	Ra1.6μm			3.2				
6	5	表面粗糙度值	Ra3.2μm							
总计										
检测考评员签字										

表3-18 数控车铣加工职业技能等级标准（中级）评分表——零件自检

试题编号				考生代码			配分		5
场次			工位编号		工件编号		成绩小计		
序号	零件名称	测量项目	配分	评分标准			得分		备注
1	车削零件	尺寸测量	1.5分	每错一处扣0.5分，扣完为止					
		项目判定	0.3分	全部正确得分					
		结论判定	0.3分	判断正确得分					
		处理意见	0.4分	处理正确得分					
2	铣削零件	尺寸测量	1.5分	每错一处扣0.5分，扣完为止					
		项目判定	0.3分	全部正确得分					
		结论判定	0.3分	判断正确得分					
		处理意见	0.4分	处理正确得分					
总计									

检测考评员签字：

3.4 项目实施

3.4.1 轴套的车削加工

1. 轴套二维图的绘制

1）先按照图样提供的各轮廓的基本尺寸绘制图形，如图 3 – 12 所示，保存文件格式为 YT7 – 2. lxe，留作备用。图中坐标原点为对刀点。

轴套二维图绘制

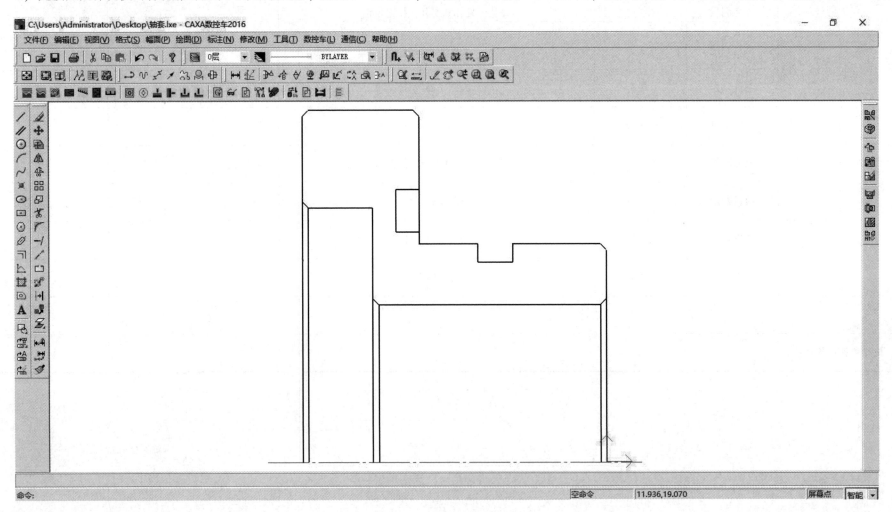

图 3 – 12　绘制图形

2）打开 YT7 – 2. lxe 文件，编辑形成表 3 – 8 工序 20 中粗车 $\phi36_{-0.039}^{0}$ mm 外圆所需的图形，其步骤如图 3 – 13 所示，并将最终图形保存为 a. lxe。

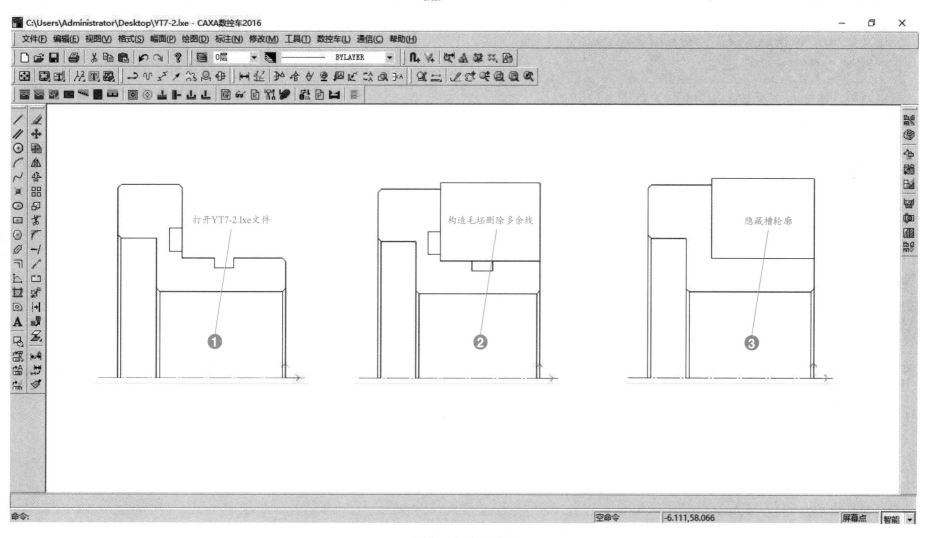

图 3 – 13　编辑图形

3) 打开 YT7 – 2.lxe 文件，编辑形成表 3 – 8 工序 30 中粗车 $\phi 58_{-0.04}^{-0.01}$ mm 外圆所需的图形，其步骤如图 3 – 14 所示，并将最终图形保存为 c.lxe 文件。后面外沟槽、端面槽的加工也可以用 b.lxe 名称命名。

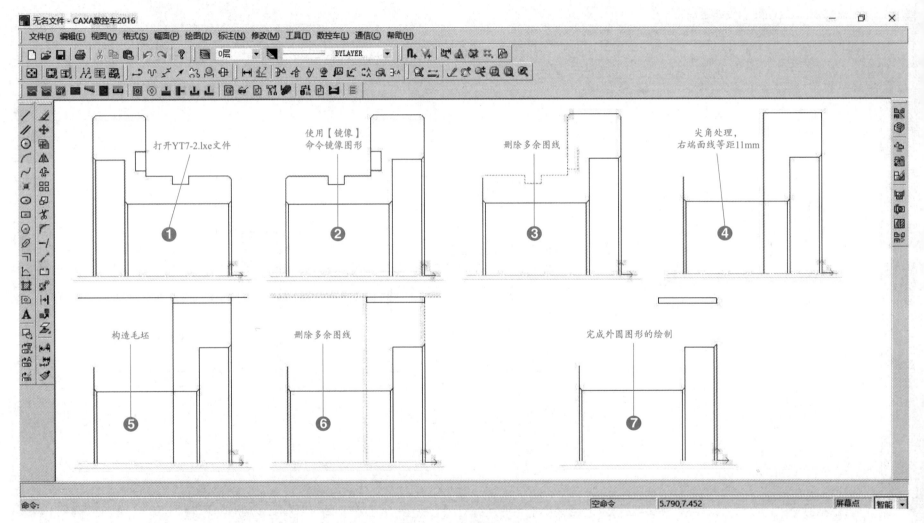

图 3 – 14　编辑图形步骤

4）打开 YT7 – 2. lxe 文件，编辑形成表 3 – 8 工序 30 中粗车 $\phi 42^{+0.039}_{0}$ mm、$\phi 26^{+0.033}_{0}$ mm 外圆所需的图形，其步骤如图 3 – 15 所示，并将最终图形保存为 c. lxe 文件。

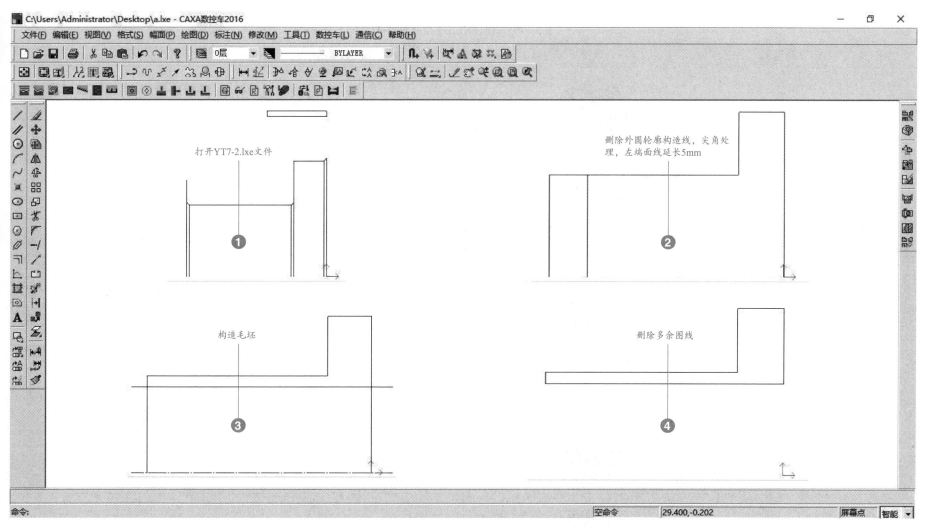

图 3–15　编辑图形

2. 加工工艺路线的安排

根据零件的特点，按照加工工艺的安排原则，安排轴套零件加工工艺路线，见表 3-19。

表 3-19　轴套加工工艺路线的安排

序号	工步名称	示图	序号	工步名称	示图
1	粗、精车右端面		7	精车 $\phi38_{+0.062}^{0}$ mm - $\phi45_{0}^{+0.062}$ mm 端面槽	—
2	手动钻孔		8	调头粗、精车端面	—
3	粗车 $\phi36_{-0.039}^{0}$ mm 外圆		9	粗车 $\phi58_{-0.04}^{-0.01}$ mm 外圆	
4	精车 $\phi36_{-0.039}^{0}$ mm 外圆	—	10	精车 $\phi58_{-0.04}^{-0.01}$ mm 外圆	
5	粗、精车外沟槽		11	粗车 $\phi42_{0}^{+0.039}$ mm、$\phi26_{0}^{+0.033}$ mm 内孔	
6	粗车 $\phi38_{-0.062}^{0}$ mm - $\phi45_{0}^{+0.062}$ mm 端面槽		12	精车 $\phi42_{0}^{+0.039}$ mm、$\phi26_{0}^{+0.033}$ mm 内孔	—

3. 工步的划分原则

工步的划分主要从加工精度和生产率两方面来考虑。

1）同一表面按粗加工、半精加工、精加工的加工顺序依次完成，或全部加工表面按先粗后精的原则划分。

2）对于既有铣削平面又有孔加工的表面，可按先铣削平面后加工孔的加工顺序进行划分。

3）按刀具划分工步。

根据上述原则，针对轴套 20 工序的工步划分为车端面—粗车外圆—精车外圆—车外沟槽—车端面槽。

4. 加工余量、工序尺寸和公差的确定

加工余量是指在加工中被切去的金属层厚度。加工余量的大小对于零件的加工质量、生产率和生产成本均有较大的影响。加工余量过大，不仅会增加机械加工的劳动量，降低生产率，而且会增加材料、工具和电力的自耗，使加工成本增高。但是加工余量过小又不能保证消除上道工序的各种误差和表面缺陷，甚至产生废品。因此，应当合理地确定加工余量。

加工余量的确定方法有以下几类：

1）分析计算法。根据对影响加工余量的各项因素进行分析，通过计算来确定加工余量。

2）查表法。查阅有关手册提供的加工余量数据，再结合本企业生产实际情况加以修正后确定加工余量。这是各企业广泛采用的方法。

3）经验估计法。根据工艺人员本身积累的经验确定加工余量。一般为了防止加工余量过小而产生废品，所估计的加工余量总是偏大，常用于单件、小批量生产。

5. 切削用量的确定

确定切削用量的基本原则是首先选取尽可能大的背吃刀量；其次要在机床动力和刚度允许的范围内，同时又满足零件加工精度要求的情况下选择尽可能大的进给量，一般通过《切削用量手册》查表法、公式计算法和经验值法三种方法相结合确定。

以工序 20 工步 4 为例，通过查阅《切削用量手册》得到表 3 - 20，分别确定背吃刀量、切削速度和进给量。

表 3 - 20　硬质合金外圆车刀切削速度参考值

工件材料	热处理状态	$a_p = 0.3 \sim 2mm$ $f = 0.08 \sim 0.3mm/r$	$a_p = 2 \sim 6mm$ $f = 0.3 \sim 0.6mm/r$	$a_p = 6 \sim 10mm$ $f = 0.6 \sim 1mm/r$
		$v/(m/s)$		
低碳钢	热轧	2.33 ~ 3.0	1.67 ~ 2.0	1.17 ~ 1.5
易切钢				
中碳钢	热轧	2.17 ~ 2.67	1.5 ~ 1.83	1.0 ~ 1.33
	调质	1.67 ~ 2.17	1.17 ~ 1.5	0.83 ~ 1.17
合金结构钢	热轧	1.67 ~ 2.17	1.17 ~ 1.5	0.83 ~ 1.17
	调质	1.33 ~ 1.83	0.83 ~ 1.17	0.67 ~ 1.0
工具钢	退火	1.5 ~ 2.0	1.0 ~ 1.33	0.83 ~ 1.17
不锈钢		1.17 ~ 1.33	1.0 ~ 1.17	0.83 ~ 1.0
高锰钢			1.17 ~ 0.33	
铜及铜合金		3.33 ~ 4.17	2.0 ~ 0.30	1.5 ~ 2.0
铝及铝合金		5.1 ~ 10.0	3.33 ~ 6.67	2.5 ~ 5.0
铸铝合金		1.67 ~ 3.0	1.33 ~ 2.5	1.0 ~ 1.67

（1）背吃刀量　背吃刀量 a_p 取 1mm。

（2）切削速度　切削速度取 140m/min。则

$$n_s = \frac{1000v_c}{\pi d} = \frac{1000 \times 110}{3.14 \times 36}r/min = 1238r/min, \ 取 \ 1200r/min。$$

（3）进给量　粗加工进给量 f 取为 0.08mm/r，则指令 F 取 100mm/min。

6. 数控加工工艺文件的编制

编制数控加工工序卡时，要根据机械工艺过程卡填写表头信息，编制工序卡工步，确保每个工步切削参数合理，手工绘制工序简图。简图需绘制该工序加工的表面，标注夹紧定位位置。轴套数控加工工序卡见表 3 - 21 和表 3 - 22。其数控加工刀具卡见表 3 - 23。

表 3 – 21　机械加工工序卡（轴套右端）

零件名称	轴套	机械加工工序卡		工序号	20	工序名称	数控车削	共 2 页
								第 1 页
材料	45 钢	毛坯规格	$\phi60mm \times 30mm$	机床设备	CAK6140	夹具		自定心卡盘

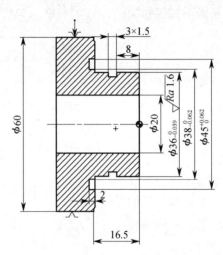

工步号	工步内容	刀具规格	刀具材料	量具	背吃刀量/mm	进给量/（mm/min）	主轴转速/（r/min）
1	夹紧工件毛坯，毛坯伸出卡盘 20mm						
2	车右端面	外圆粗车刀	硬质合金	游标卡尺		120	800
3	粗车 $\phi36_{-0.039}^{0}$ mm 外圆，轴向留 0.1mm 加工余量（单边），径向留 0.2mm 加工余量	外圆粗车刀	硬质合金	游标卡尺	1	120	800
4	半精车 $\phi36_{-0.039}^{0}$ mm 外圆	外圆精车刀	硬质合金	外径千分尺	0.2	100	1200
5	精车 $\phi36_{-0.039}^{0}$ mm 外圆至图样尺寸要求，倒角	外圆精车刀，倒角刀	硬质合金	外径千分尺	0.1	100	1200
6	车外沟槽至图样尺寸要求	外槽车刀	硬质合金	游标卡尺	0.5	40	400
7	车端面槽至图样尺寸要求	端面槽车刀	硬质合金	游标卡尺	0.5	40	400
8	内孔倒角	倒角刀	硬质合金				
编制		日期		审核			日期

表 3-22　机械加工工序卡（轴套左端）

零件名称	轴套	机械加工工序卡		工序号	30	工序名称	数控车削	共 2 页
								第 2 页
材料	2A12	毛坯规格	$\phi60mm \times 30mm$	机床设备	CAK6140	夹具		自定心卡盘

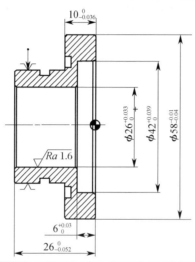

工步号	工步内容	刀具规格	刀具材料	量具	背吃刀量/mm	进给量/(mm/min)	主轴转速/(r/min)
1	使用钢套包裹夹位，避免夹伤已加工表面，夹紧工件	外圆粗车刀				120	800
2	车左端面，保证总长为 $26_{-0.052}^{0}$ mm	外圆粗车刀					
3	粗车 $\phi58_{-0.04}^{-0.01}$ mm 外圆、毛坯切削长度至少要大于或等于 11mm，轴向留 0.1mm 加工余量（单边），径向留 0.2mm 加工余量	外圆粗车刀	硬质合金	游标卡尺	1	130	1000
4	半精车 $\phi58_{-0.04}^{-0.01}$ mm 外圆	外圆精车刀	硬质合金	外径千分尺	0.1	130	1500
5	精车 $\phi58_{-0.04}^{-0.01}$ mm 外圆至图样尺寸要求，倒角	外圆精车刀，倒角刀	硬质合金	外径千分尺	0.1	130	1500
6	手动钻通孔	$\phi23mm$ 麻花钻	硬质合金				
7	粗车 $\phi42_{0}^{+0.039}$ mm、$\phi26_{0}^{+0.033}$ mm 内孔，轴向留 0.1mm 加工余量（单边），径向留 0.2mm 加工余量	内孔车刀	硬质合金	内测千分尺	0.8	130	1000
8	半精车 $\phi42_{0}^{+0.039}$ mm、$\phi26_{0}^{+0.033}$ mm 内孔。	内孔车刀	硬质合金	内测千分尺	0.1	130	1500
9	精车 $\phi42_{0}^{+0.039}$ mm、$\phi26_{0}^{+0.033}$ mm 内孔至图样尺寸要求，倒角	内孔车刀，倒角刀	硬质合金	内测千分尺	0.1	130	1500
编制		日期		审核		日期	

表 3 - 23 数控加工刀具卡

零件名称		轴套	数控加工刀具卡			工序号	20/30
工序名称		数车	设备名称	数控车床		设备型号	CAK6140
工步号	刀具号	刀具名称	刀杆型号	刀具材料		刀尖半径/mm	备注
20 - 2 20 - 3 30 - 2 30 - 3	T01	外圆粗车刀	20	硬质合金		0.4	编程
20 - 4 20 - 5 30 - 4 30 - 5	T02	外圆精车刀	20	硬质合金		0.2	编程
30 - 6	T03	ϕ23mm 麻花钻	20	高速钢			手动
30 - 7 30 - 8 30 - 9	T04	内孔车刀	20	硬质合金		0.4	编程
20 - 5 20 - 8 30 - 5 30 - 9	T05	倒角刀	20	硬质合金			手动
20 - 6	T06	外槽车刀	20	硬质合金		0.4	编程
20 - 7	T07	端面槽车刀	20	硬质合金			编程
编制		审核		批准		共 页	第 页

7. 轴套加工程序的编制

（1）轴套右端加工程序

1）打开 c. lxe 文件，加工 $\phi 36_{-0.039}^{0}$ mm 外圆。依次单击【轮廓粗车】

【轮廓精车】图标，设置相关参数，参数与车左端外圆相同。选择加工要素，生成粗、精加工轨迹，如图 3 - 16 所示。

轴套加工程序的编制

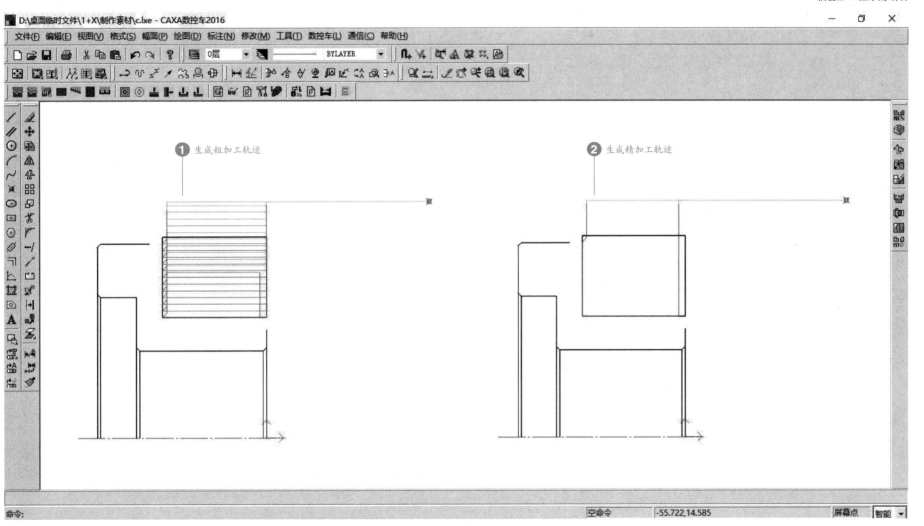

图 3 - 16 生成粗、精加工轨迹

2）打开 c. lxe 文件，将隐藏的外沟槽轮廓恢复，加工外沟槽。单击【切槽】图标，设置【切槽参数表】对话框中的相关参数，选择加工要素，生成加工轨迹，步骤如图 3 - 17 和图 3 - 18 所示。

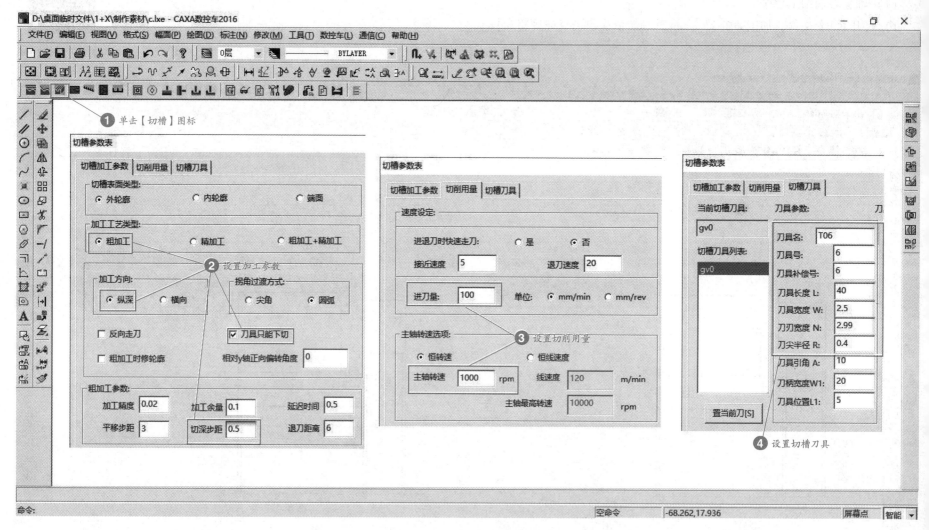

图 3-17　设置【加工参数】【切削用量】【切槽刀具】

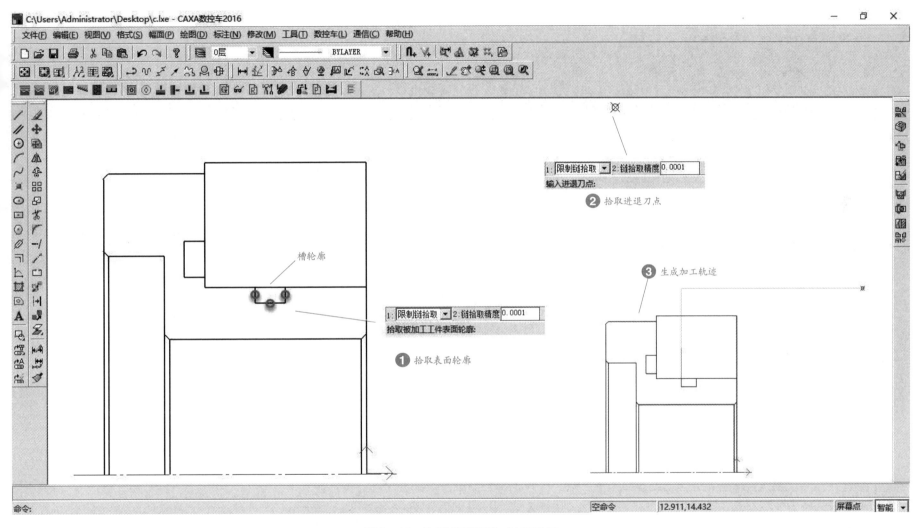

图 3 - 18　选择加工要素生成加工轨迹

3）打开 c.lxe 文件，将隐藏的端面槽轮廓恢复，加工端面槽。单击【切槽】图标，设置【切槽参数表】。选择加工要素，生成加工轨迹，步骤如图 3－19所示。

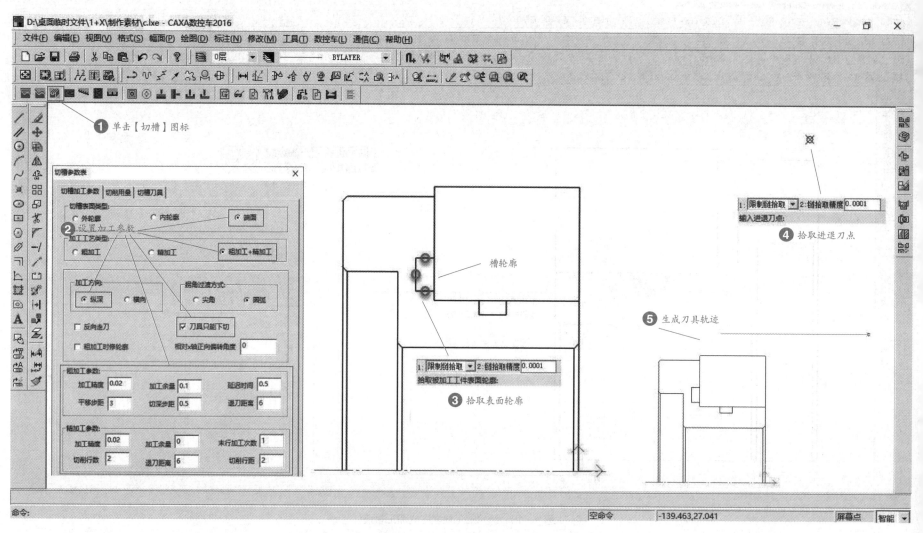

图3－19 生成端面槽加工轨迹

（2）轴套左端加工程序

1）打开 a. lxe 文件，加工 $\phi 58_{-0.04}^{-0.01}$ mm 外圆。单击【轮廓粗车】图标，设置【粗车参数表】对话框中的相关参数，步骤如图 3 – 20 所示。

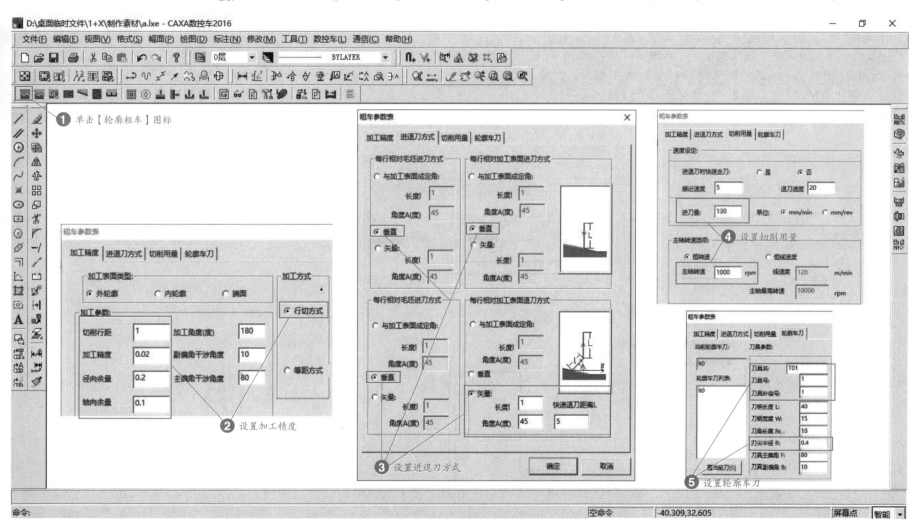

图 3 – 20　设置粗车 $\phi 58_{-0.04}^{-0.01}$ mm 外圆参数

2)【粗车参数表】对话框中的参数设置完毕后，单击【确定】按钮。依次选择粗车轮廓线、毛坯线，确定进退刀点，生成粗车加工轨迹，步骤如图3–21所示。

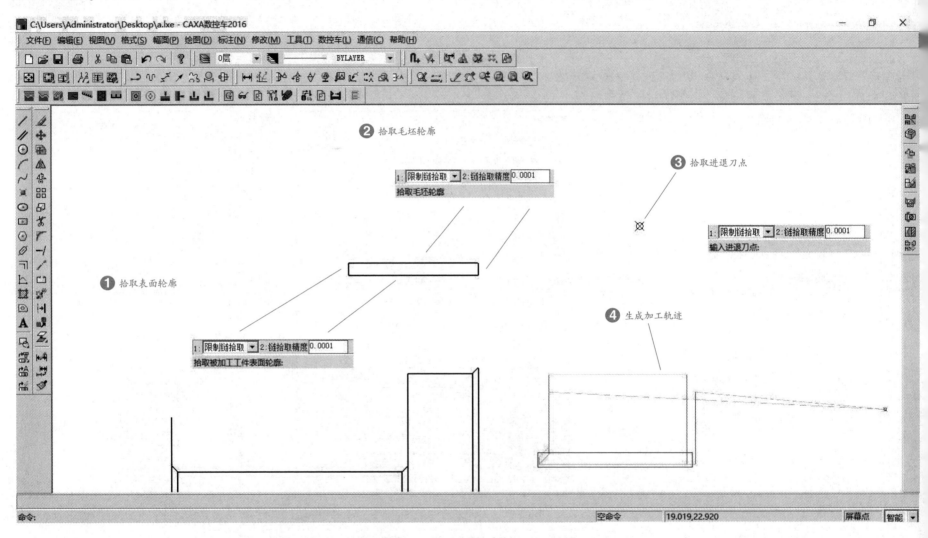

图3-21　生成 $\phi 58^{-0.01}_{-0.04}$ mm 外圆加工轨迹

3）半精车和精车的操作步骤与粗车类似。单击【轮廓精车】图标，设置【精车参数表】对话框中的相关参数，如图3－22所示。【精车参数表】对话框中的相关参数设置完毕后，单击【确定】按钮。依次选择粗车轮廓线、给定进退刀点，生成精车加工轨迹，步骤如图3－23所示。

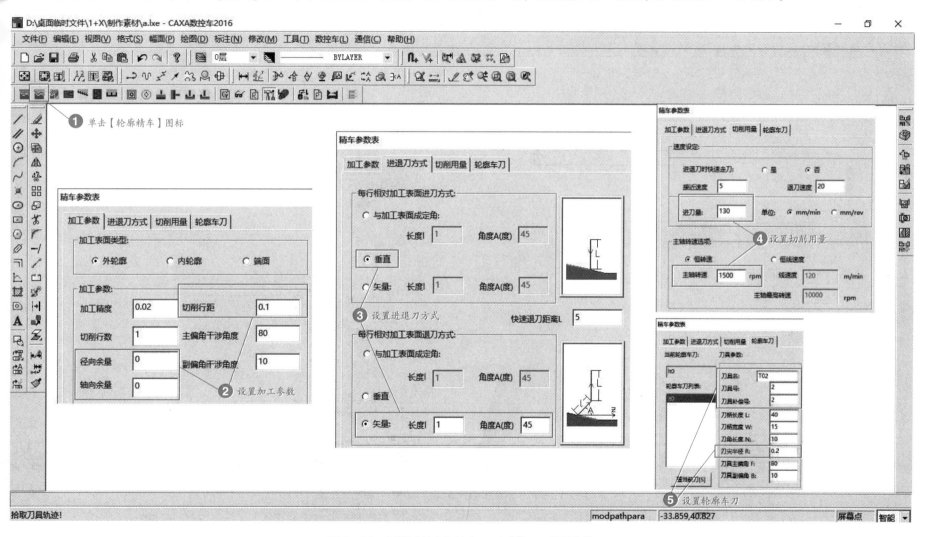

图3-22　设置半精车和精车φ58$_{-0.04}^{-0.01}$mm 外圆参数

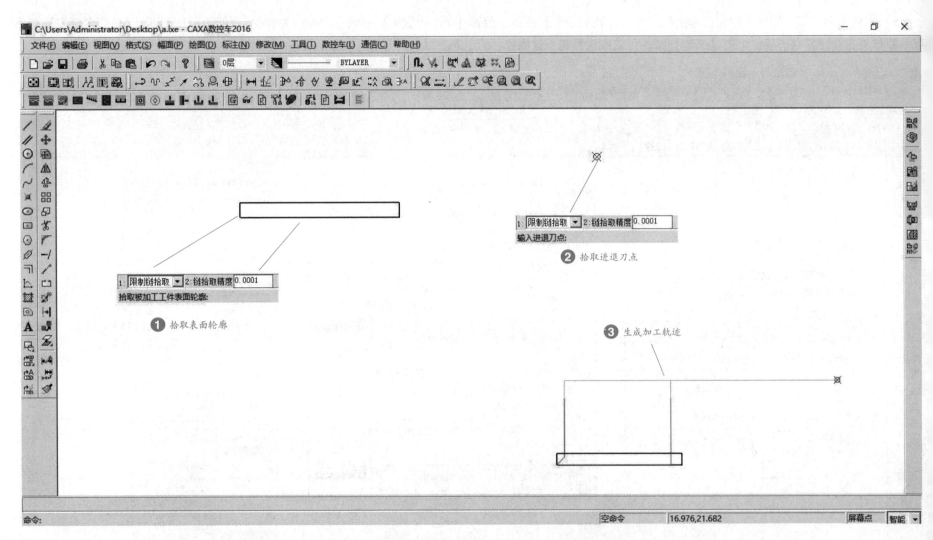

图 3-23　生成半精车和精车 $\phi 58_{-0.04}^{-0.01}$ mm 外圆加工轨迹

4）打开 b. lxe 文件，加工 $\phi 42^{+0.039}_{0}$ mm、$\phi 26^{+0.033}_{0}$ mm 内孔。从粗车到半精车，再到精车，车内孔与车外圆时选用的参数大体相同。下面着重介绍需要设置的参数和生成粗、精加工轨迹的方法，如图 3-24 ~ 图 3-27 所示。

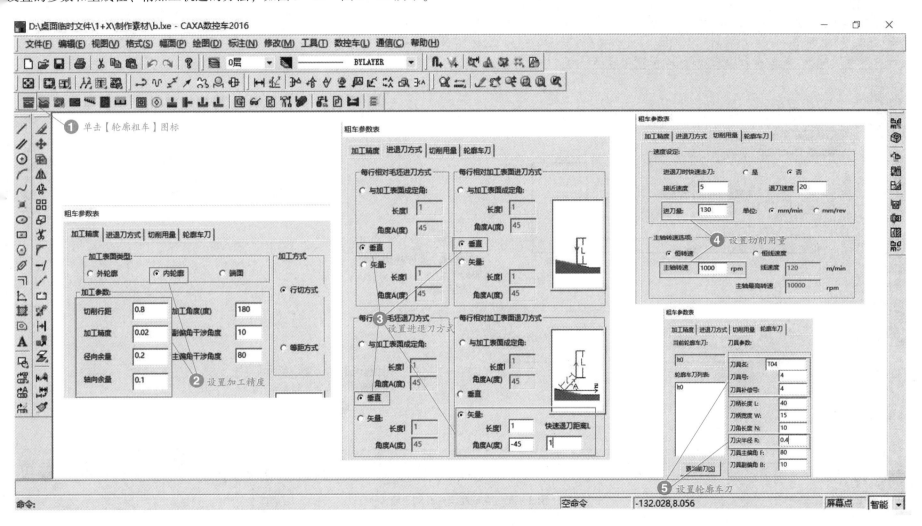

图 3-24　设置粗车内孔参数

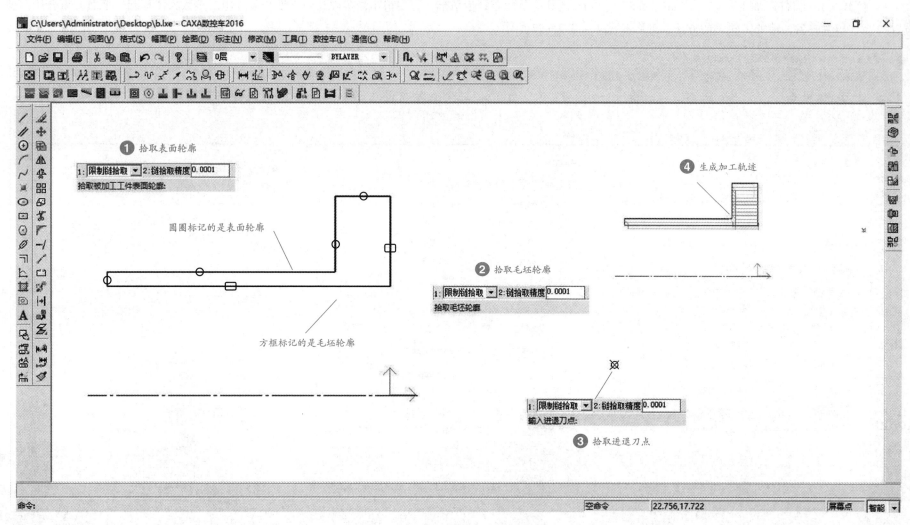

图 3-25　生成粗车内孔加工轨迹

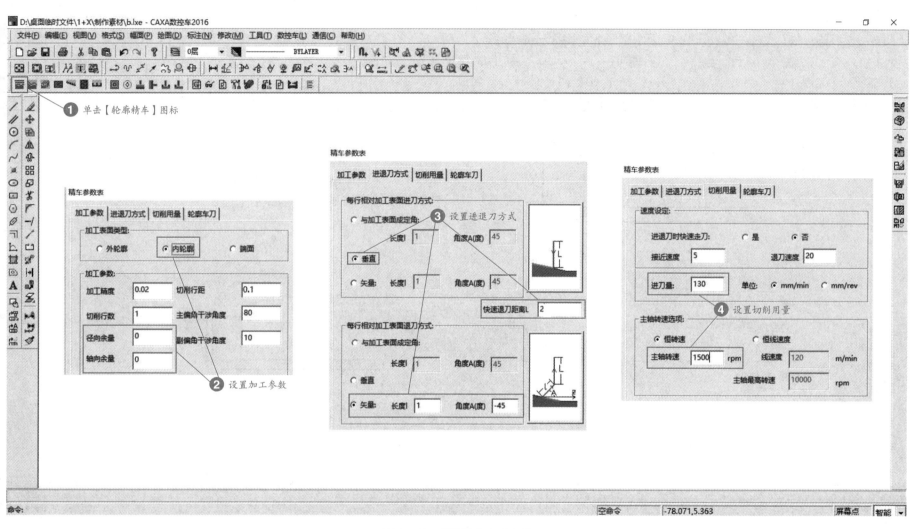

图 3-26　设置精车内孔参数

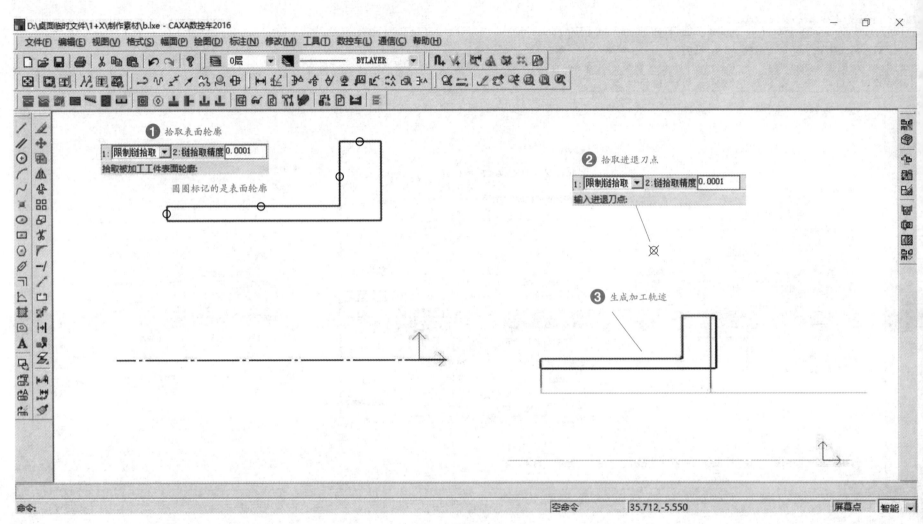

图 3-27　生成精车内孔加工轨迹

8. 后处理

生成 NC 文件，加工零件。

9. 数控加工程序单的填写

根据轴套后处理的程序，填写数控加工程序单，见表 3-24。

表 3-24 轴套数控加工程序单

轴套数控加工程序单	产品名称		零件名称		共 页
	工序号		工序名称		第 页
序号	程序编号	工序内容	刀具	吃刀量(相对最高点)/mm	备注
1					
2					
3					
4					
5					
6					
装夹示意图:			装夹说明:		
编程/日期			审核/日期		

10. 轴套的加工

（1）工件的装夹　使用自定心卡盘夹紧工件，毛坯伸出卡盘 20mm。

（2）工件坐标系的设置

1）外圆车刀、外槽车刀、内孔车刀按照项目一、二实施。

2）端面车槽刀，Z 轴设置：刀具接触端面如图 3-28 所示；X 轴设置：刀具接触外圆车刀试切的外圆如图 3-29 所示。

图 3-28　刀具接触端面

图 3-29　刀具试切外圆

（3）程序的导入、校验、自动运行和刀具补偿　按照项目一实施。

（4）零件的加工　轴套的加工过程见表 3-25。

表 3-25　轴套的加工过程

序号	加工内容	图例	序号	加工内容	图例	序号	加工内容	图例
1	手动平右端端面、钻孔、对刀		5	粗、精车右端端面槽		9	精车左端外圆	
2	粗车右端外圆		6	调头，使用钢套		10	粗车内孔	
3	精车右端外圆		7	粗、精车左端面，保证总长		11	精车内孔	
4	车右端外沟槽		8	粗车左端外圆				

11. 零件的自检

根据表 3-26 中的内容对轴套进行自检，方法如图 3-30~图 3-32 所示。

表 3-26　轴套自检表

零件名称			轴套					允许读数误差		± 0.007mm	
序号	项目	尺寸要求	使用的量具	测量结果					项目判定		
				No. 1	No. 2	No. 3	平均值				
1	外径	$\phi 58^{-0.01}_{-0.04}$mm							合		否
2	内径	$\phi 42^{+0.039}_{0}$mm							合		否
3	长度	$10^{0}_{-0.036}$mm							合		否
结论（对上述测量尺寸进行评价）			合格品		次品		废品				
处理意见											

图 3-30　使用 50-75mm 外径千分尺测量外径尺寸 $\phi 58^{-0.01}_{-0.04}$mm

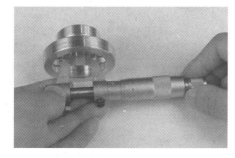

图 3-31　使用 25-50mm 内测千分尺测量内径尺寸 $\phi 42^{+0.039}_{0}$mm

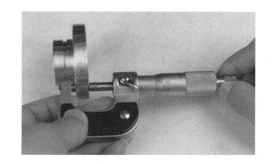

图 3-32　使用 0-25mm 外径千分尺测量长度尺寸 $10^{0}_{-0.036}$mm

3.4.2　底板的铣削加工

1. 底板的三维建模

1）进入草图，绘制长度为 100mm 的水平/铅垂线。启动 CAXA 制造工程师 2016r1 软件，选择【制造】模块，如图 3-33 所示，进入 CAXA 制造工程师建模环境。选择【特征管理】结构树，选择【平面 XY】，右击，在弹出的菜单中选择【创建草图】命令，如图 3-34 所示。绘制长度为 100mm 的水平/铅垂线辅助线步骤如图 3-35 所示。

底板的三维建模

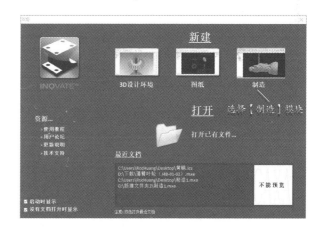

图 3-33　选择【制造】模块

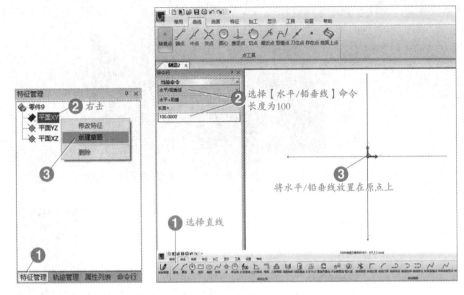

图 3-34　选择【创建草图】命令　　　　图 3-35　绘制辅助线

2）绘制底座轮廓草图。以长度为 100mm 的水平/铅垂线辅助线为基准，通过【等距等基础】命令，在草图中绘制图 3-36 所示的草图轮廓。

3）为草图轮廓增加厚度，步骤如图 3-37 所示。

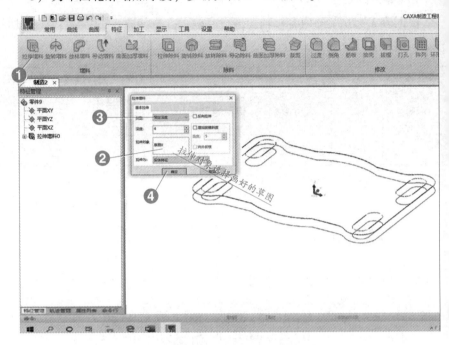

图 3-37　为草图轮廓增加厚度

4）绘制宽度为 $64_{-0.046}^{0}$ mm 的凸台。选择零件上表面，右击，在弹出的菜单中选择【创建草图】命令，如图 3-38 所示。

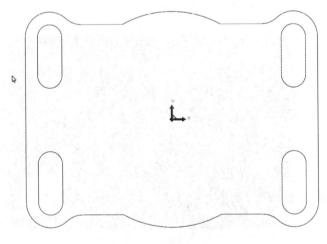

图 3-36　绘制草图轮廓

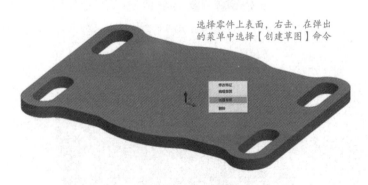

图 3-38　选择【创建草图】命令

绘制草图轮廓，如图 3 - 39 所示。

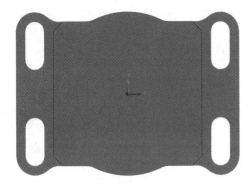

图 3 - 39　绘制凸台草图轮廓

选择特征，拉伸增料，设置深度为 8mm，步骤如图 3 - 40 所示。

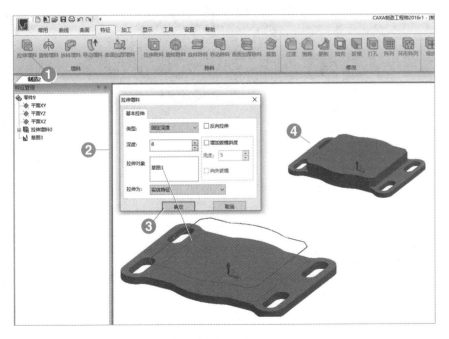

图 3 - 40　拉伸凸台

5）绘制 $\phi 58\ ^{+0.03}_{0}$ mm 的圆形型腔。选择零件上表面，右击，在弹出的菜单中选择【创建草图】命令，如图 3 - 41 所示。

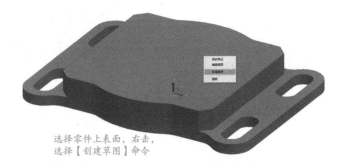

选择零件上表面，右击，
选择【创建草图】命令

图 3 - 41　选择命令

绘制草图轮廓，如图 3 - 42 所示。

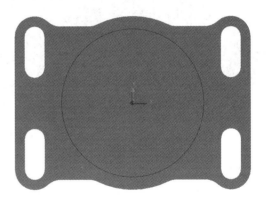

图 3 - 42　绘制圆形型腔轮廓

选择特征，拉伸除料，设置深度为 10mm，步骤如图 3 - 43 所示。

6）绘制 $\phi 52\ ^{+0.046}_{0}$ mm 的通孔。选择零件 $\phi 58\ ^{+0.003}_{0}$ mm 孔的底面，右击，在弹出的菜单中选择【创建草图】命令，如图 3 - 44 所示。

绘制草图轮廓，如图 3 - 45 所示

选择特征，拉伸除料，设置深度为 2mm，步骤如图 3 - 46 所示。

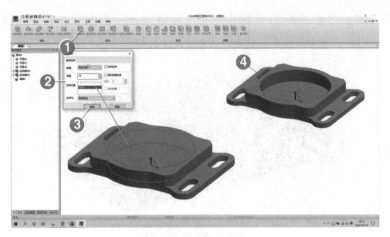

图 3-43　绘制型腔

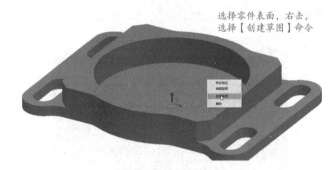

选择零件表面，右击，
选择【创建草图】命令

图 3-44　选择命令

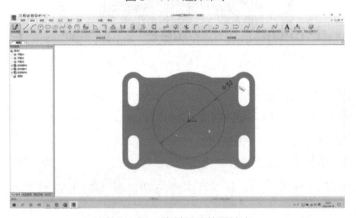

图 3-45　绘制通孔草图轮廓

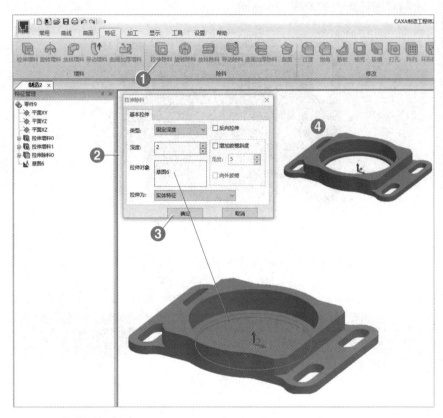

图 3-46　绘制通孔

7）绘制宽度为 $10^{+0.036}_{0}$ mm，圆心距为 62mm 的槽。

选择零件底面，右击，在弹出的菜单中选择【创建草图】命令，如图 3-47 所示。

绘制草图轮廓，如图 3-48 所示。

选择特征，拉伸除料，设置深度为 2mm，完成零件绘制，步骤如图 3-49 所示。

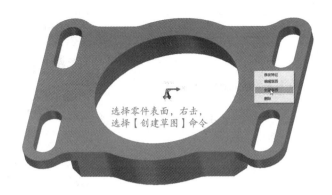

选择零件表面，右击，
选择【创建草图】命令

图 3-47　选择【创建草图】命令

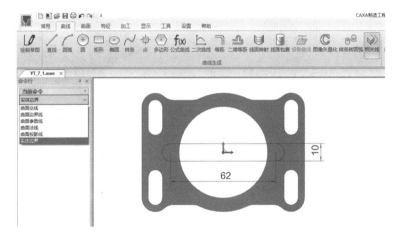

图 3-48　绘制槽的草图轮廓

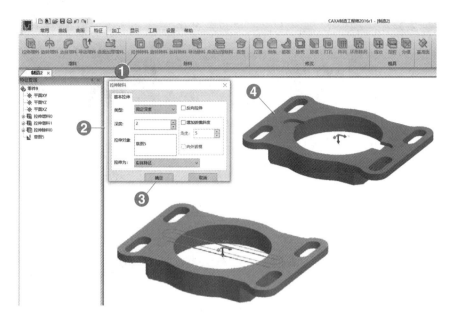

图 3-49　绘制槽

2. 加工工艺路线的安排

根据零件的特点，按照加工工艺的安排原则，安排底板加工工艺路线，见表 3-27。

表 3 - 27　底板零件加工工艺路线的安排

序号	工步名称	图示	序号	工步名称	图示
1	铣削工件底面平面	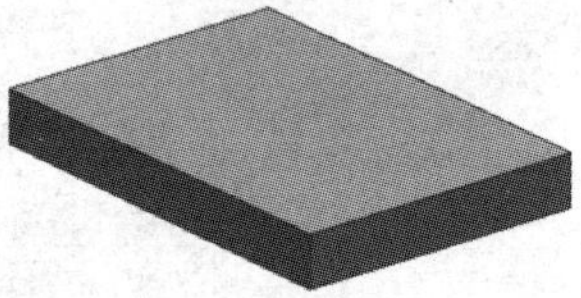	7	精铣 ϕ58mm、ϕ52mm 内孔	
2	粗铣工件正面平面	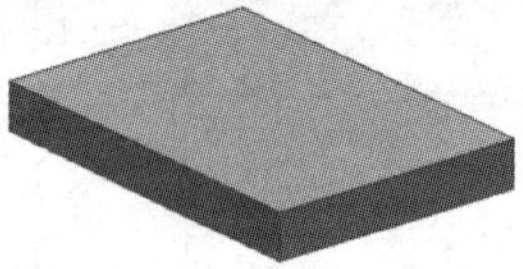	8	粗、精铣 4 个宽度为 8mm 的键槽	
3	精铣工件正面平面	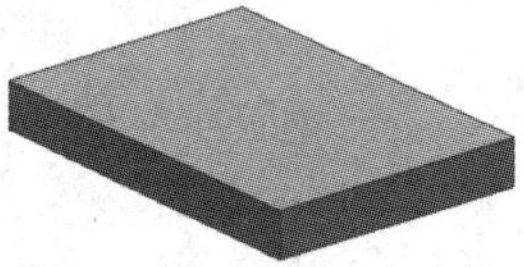	9	粗、精铣工件底面	
4	粗铣 64mm×60mm 凸台	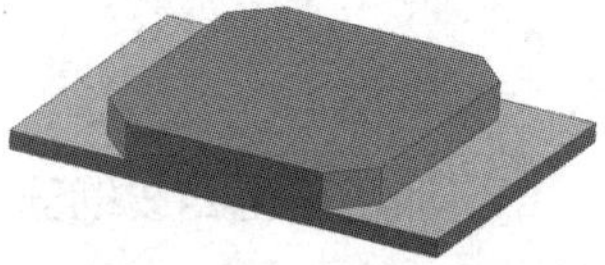	10	粗、精铣工件底面轮廓	
5	粗铣 ϕ58mm、ϕ52mm 内孔	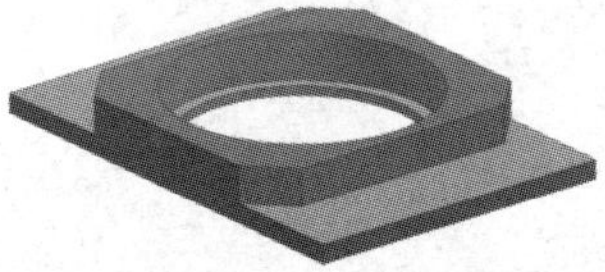	11	粗、精铣宽度为 10mm 的键槽	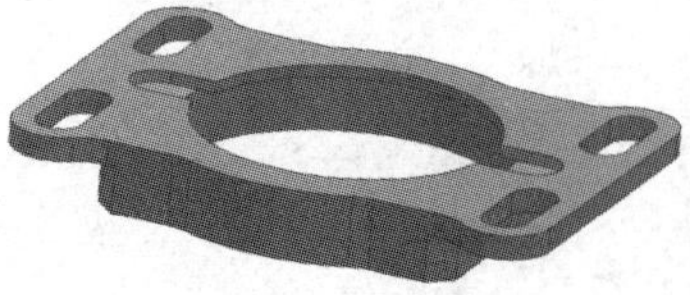
6	精铣 64mm×60mm 凸台	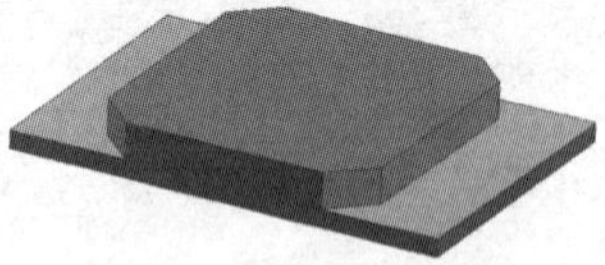			

3. 工步的划分原则

方法见本书中 3.4.1 内容。

4. 加工余量、工序尺寸和公差的确定

方法见本书中 3.4.1 内容。

5. 切削用量的计算

方法见本书中 3.4.1 内容。

6. 数控加工工艺文件的编制

编制机械加工工序卡（表 3 - 28）、数控加工刀具卡（表 3 - 29）。

表 3 - 28　机械加工工序卡（工序 20，此表由考生实操考核现场填写）

零件名称			机械加工工序卡		工序号		工序名称		共 1 页
									第 1 页
材料		毛坯规格			机床设备		夹具		
工步号	工步内容				刀具规格	刀具材料	量具	背吃刀量/ mm	进给量/ （mm/min）	主轴转速/ （r/min）
1										
2										
3										
4										
5										
6										
7										
编制		日期			审核		日期		

表 3 - 29 数控加工刀具卡

零件名称			数控加工刀具卡					工序号	
工序名称				设备名称				设备型号	
工步号	刀具号	刀具名称	刀柄型号	刀具			补偿量/mm	备注	
				直径/mm	长度/mm	刀尖半径/mm			
编制		审核			批准			共 页	第 页

7. 底板加工程序的编制

底板正面的加工

1）构造轮廓线。构造加工轮廓步骤如图 3-50 所示。

构造平面毛坯轮廓步骤如图 3-51 所示。

2）创建加工坐标系，步骤如图 3-52 所示。

3）加工水平校正边，步骤如图 3-53 所示。

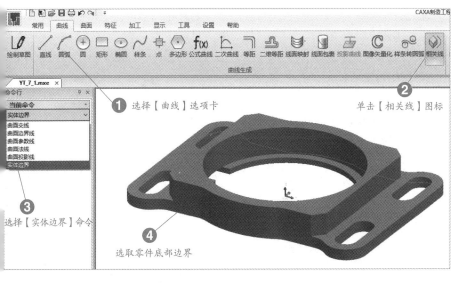

图 3-50　构造加工轮廓

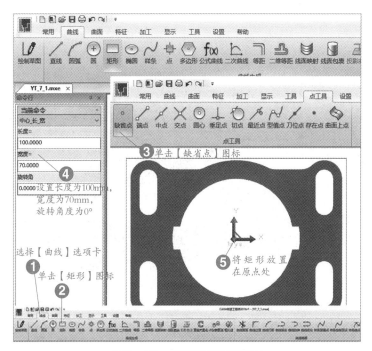

图 3-51　构造平面毛坯轮廓

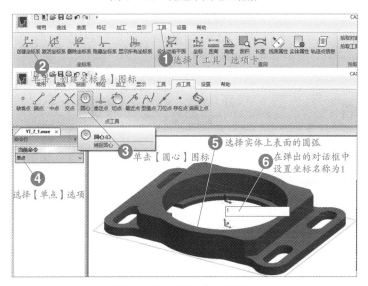

图 3-52　创建加工坐标系

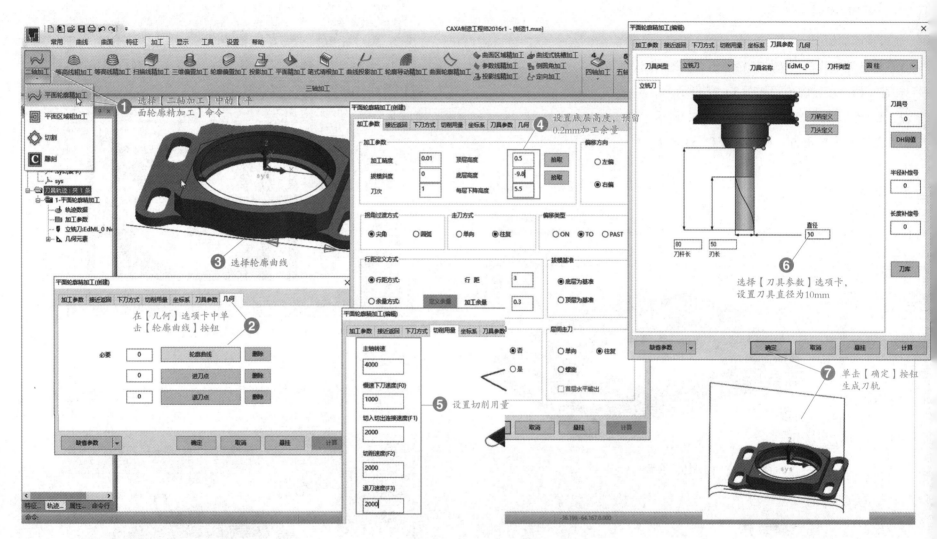

图 3-53　加工水平校正边

4）粗加工凸台，步骤如图 3-54 所示。

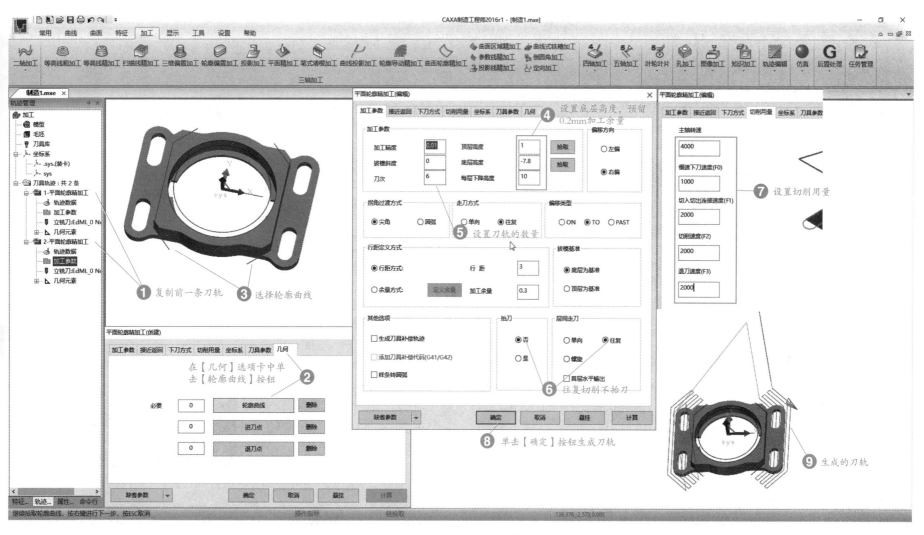

图 3-54 粗加工凸台

5）粗加工 $\phi 52_{0}^{+0.046}$ mm 的孔，步骤如图 3-55 所示。

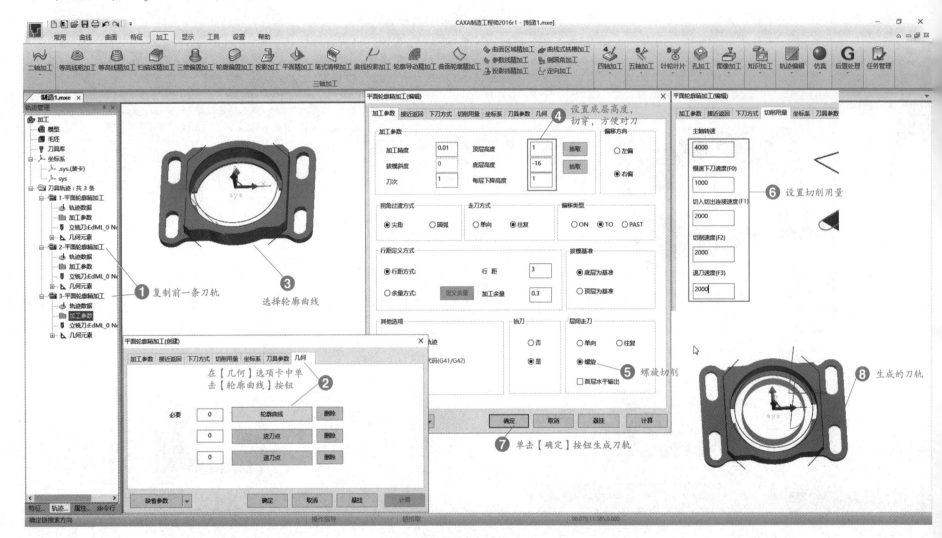

图 3-55　粗加工 $\phi 52_{0}^{+0.046}$ mm 的孔

6）粗加工$\phi 58^{+0.03}_{0}$ mm 的孔，步骤如图 3-56 所示。

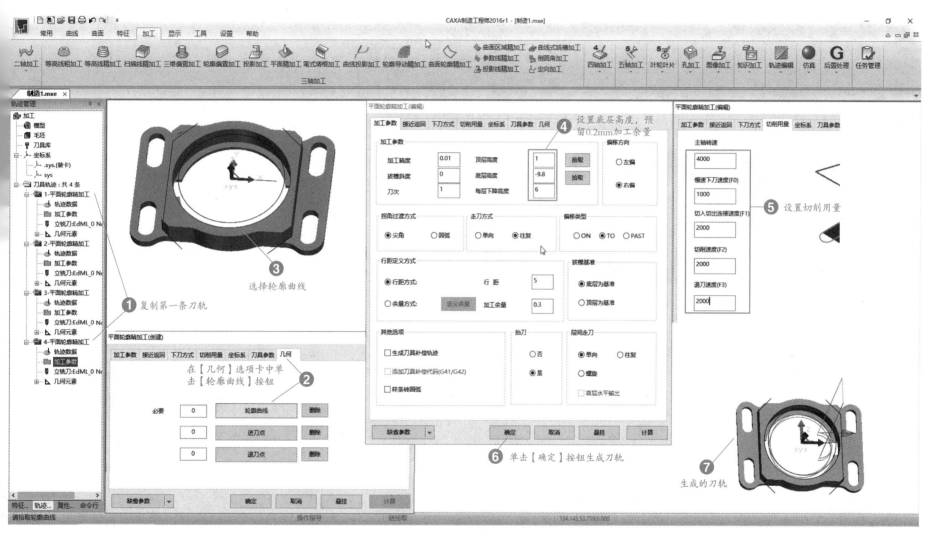

图 3-56　粗加工 $\phi 58^{+0.03}_{0}$ mm 的孔

7）精加工凸台，步骤如图 3-57 所示。

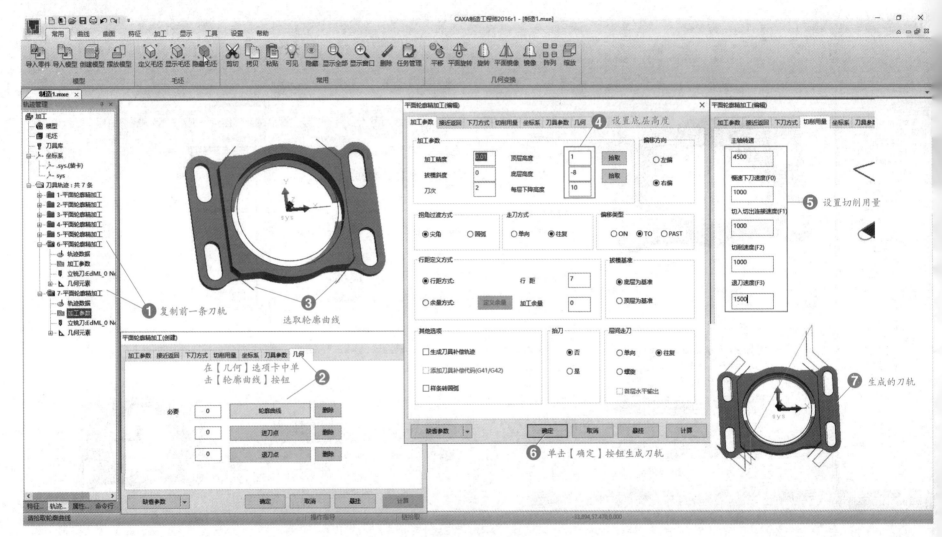

图 3-57　精加工凸台

8）精加工$\phi 58 _{\ 0}^{+0.03}$mm 的孔，步骤如图 3 - 58 所示。

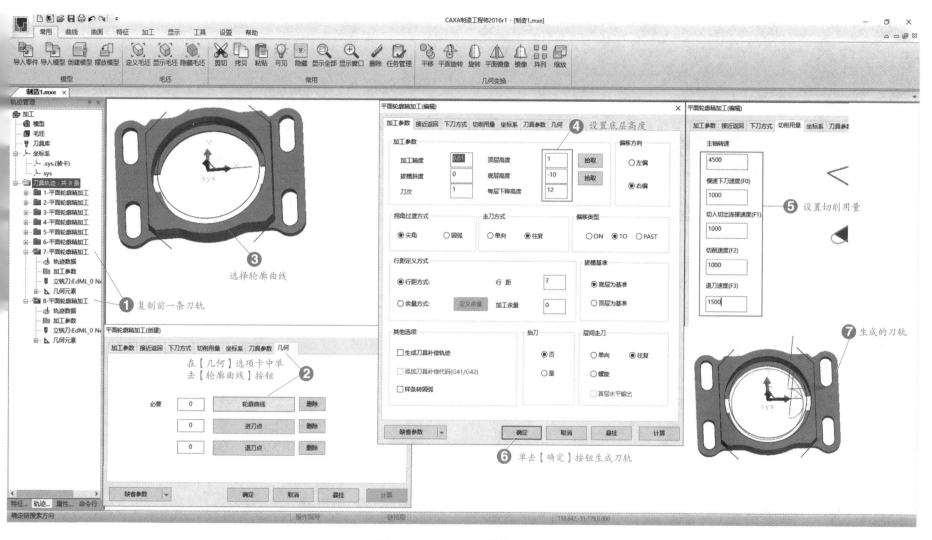

图 3 - 58　精加工$\phi 58 _{\ 0}^{+0.03}$mm 的孔

9）精加工 $\phi 52^{+0.046}_{0}$ mm 的孔，步骤如图 3-59 所示。

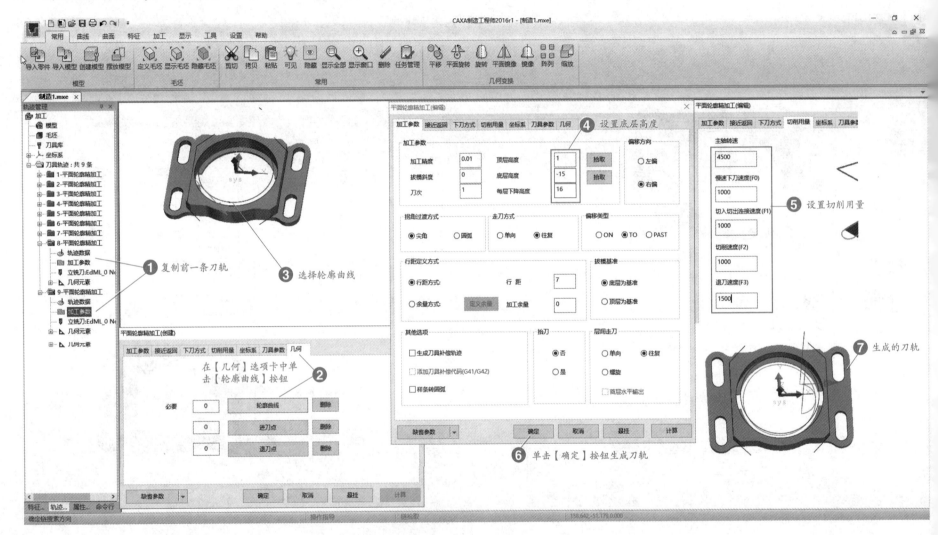

图 3-59　精加工 $\phi 52^{+0.046}_{0}$ mm 的孔

10）粗加工8mm的槽，步骤如图3-60所示。

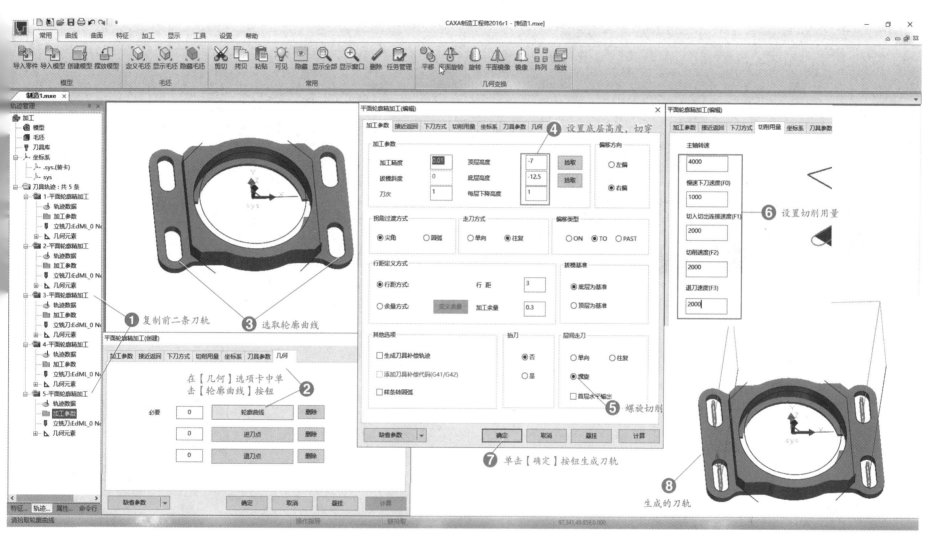

图3-60　粗加工8mm的槽

11）精加工 8mm 的槽，步骤如图 3-61 所示。

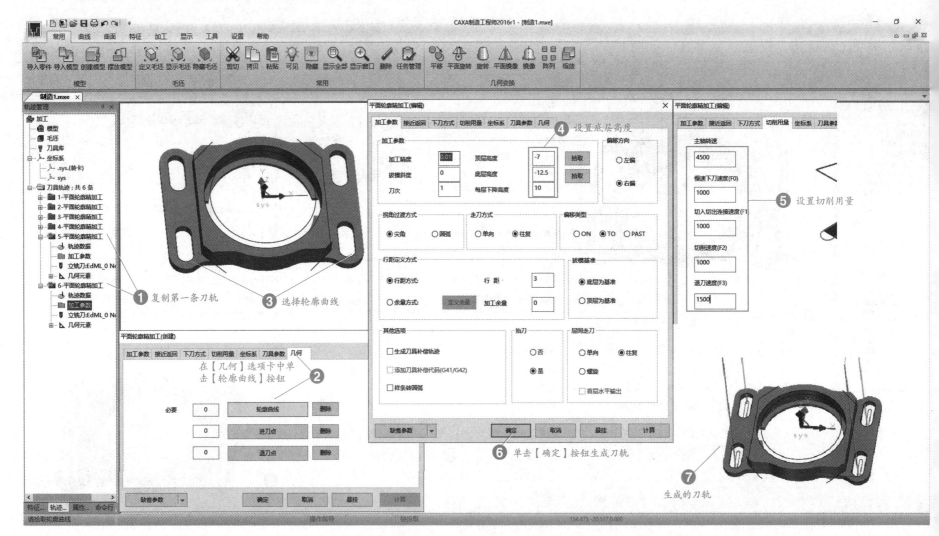

图 3-61　精加工 8mm 的槽

12）粗加工底板轮廓，步骤如图3-62所示。

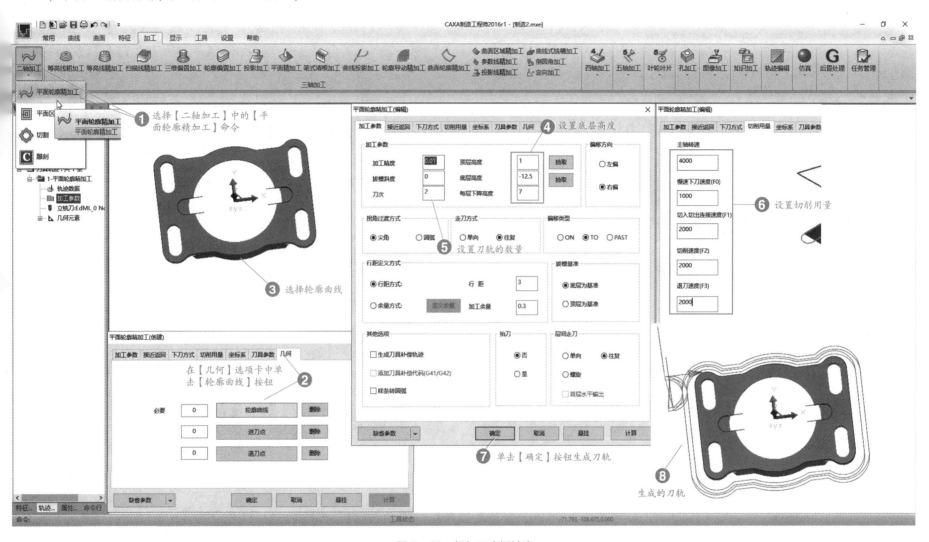

图3-62　粗加工底板轮廓

13）精加工底板轮廓，步骤如图 3 - 63 所示。

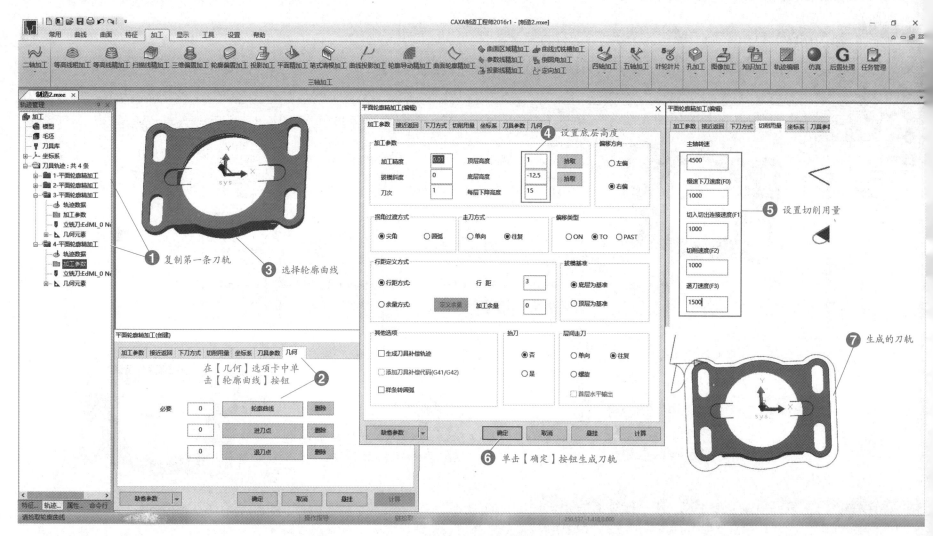

图 3 - 63 精加工底板轮廓

14）粗加工 10mm 的槽，步骤如图 3-64 所示。

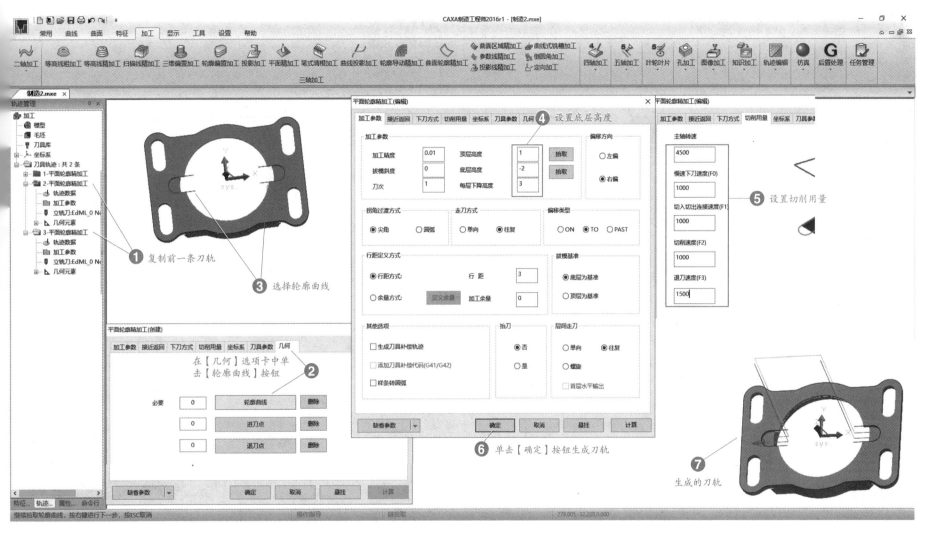

图 3-64 粗加工 10mm 的槽

15）精加工 10mm 的槽，步骤如图 3 – 65 所示。

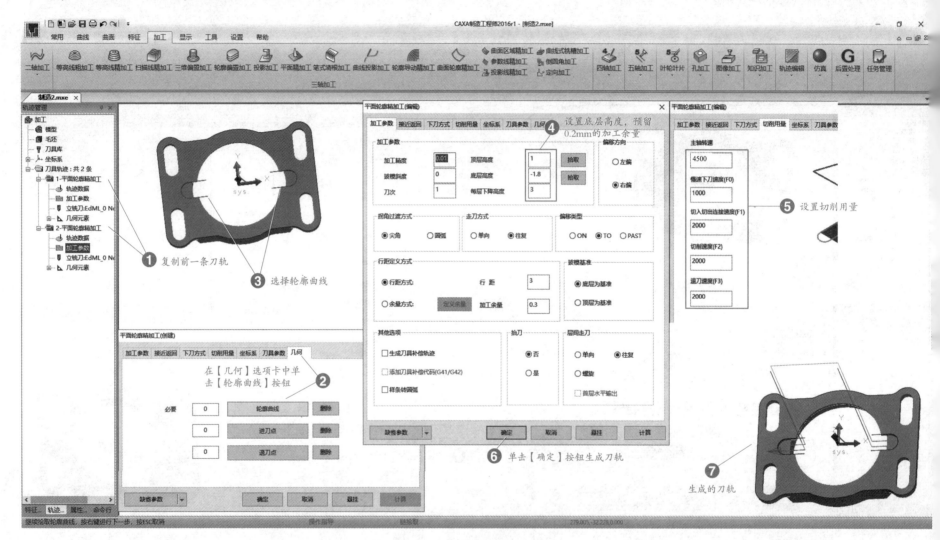

图 3 – 65　精加工 10mm 的槽

8. 后处理

生成 NC 文件，加工零件。

9. 数控加工程序单的填写

根据底板后处理的程序，填写数控加工程序单，见表 3 - 30。

表 3 - 30　底板数控加工程序单

底板数控加工程序单		产品名称		零件名称		共　页
		工序号		工序名称		第　页
序号	程序编号	工序内容	刀具	吃刀量（相对最高点）/mm		备注
1						
2						
3						
4						
5						
6						
7						
8						
9						
10						
11						

装夹示意图：

装夹说明：

编程/日期		审核/日期	

10. 底板的加工

底板的加工过程见表3-31。

表3-31　底板的加工过程

序号	加工内容	图例	序号	加工内容	图例	序号	加工内容	图例
1	使用机用平口钳安装工具，使用分中棒设置工件坐标系		5	精铣工件内孔		9	粗、精铣工件底面	
2	粗铣工件上表面、凸台和内孔		6	粗、精铣宽度为8mm的键槽		10	粗铣工件外轮廓	
3	精铣工件上表面		7	翻面使用自定心卡盘装夹工件，使用百分表校直水平边		11	精铣工件外轮廓	
4	精铣工件凸台		8	使用分中棒设置工件坐标系		12	粗、精铣宽度为10mm的槽	

11. 零件的自检

根据表3-32中的内容对底板进行自检，方法如图3-66~图3-68所示。

表3-32 底板自检表

零件名称	底板							允许读数误差	±0.007mm	
序号	项目	尺寸要求	使用的量具	测量结果				项目判定		
				No. 1	No. 2	No. 3	平均值			
1	内径	$\phi 58^{+0.03}_{0}$ mm						合 否		
2	高度	$12^{+0.043}_{0}$ mm						合 否		
3	长度	$64^{0}_{-0.046}$ mm						合 否		
结论（对上述测量尺寸进行评价）	合格品 次品 废品									
处理意见										

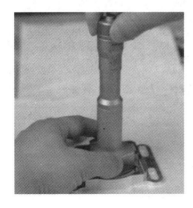

图3-66 使用50~65mm三点内径千分尺测量内径尺寸$\phi 58^{+0.03}_{0}$ mm

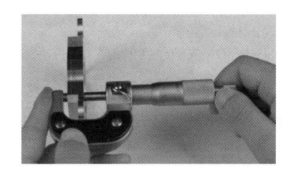

图3-67 使用0~25mm外径千分尺测量高度尺寸$12^{+0.043}_{0}$ mm

图3-68 使用50~75mm外径千分尺测量长度尺寸$64^{0}_{-0.046}$ mm

3.4.3 轴套与底板的装配

本项目轴套与底板的装配比较简单，为孔和轴的间隙配合，根据装配图和现场提供的工具进行装配。

3.4.4 场地复位与设备维护

1）根据数控机床维护手册，使用相应的工具和方法，对切屑、油污进行清理，并简单擦洗机床。

2）根据数控机床维护手册，在数控机床加工完成后，将气枪、手轮等部件放归原处。

3) 根据数控机床维护手册，在数控机床加工完成后，将工具、量具、夹具、刀具及工件分类摆放整齐。

4) 根据数控机床维护手册，使用相应的工具和方法，将机床坐标轴移动到安全位置。

5) 检查润滑系统油液位置是否正常。

6) 检查冷却系统是否正常工作，注意及时添加或更换。

7) 将工作场地清扫干净。

8) 根据数控机床维护手册和日常工作流程，填写数控机床交接班记录。

3.5 项目总结

3.5.1 重点难点分析

重点：轴套 $\phi 58_{-0.04}^{-0.01}$mm 外圆和底板 $\phi 58_{0}^{+0.03}$mm 内孔加工精度的控制。

难点：

1) 车削轴套右端时，装夹位置需伸出 20mm 左右才可靠，如图 3-69 所示。

图 3-69 车削轴套右端的装夹位置

2) 调头加工轴套时，为了不夹伤工件，需要使用一个钢套套右 ϕ40mm 外圆上，如图 3-70 所示。

图 3-70 使用钢套装夹工件

3) 底板零件使用自定心卡盘外胀夹紧内孔，才能保证底板轮廓一次成形，如图 3-71 所示。

图 3-71 底板轮廓加工的装夹方法

3.5.2 企业加工生产

企业中等批量轴套的机械加工工艺过程卡见表 3-33 所示，底板的机械工艺过程卡见表 3-34。

表 3 – 33　轴套的机械加工工艺过程卡

机械加工工艺过程卡			产品型号			零件图号				
			产品名称			零件名称		轴套	共 1 页	第 1 页
材料牌号	40Cr	毛坯种类	型材	毛坯外形尺寸	$\phi60\text{mm}\times30\text{mm}$	每件毛坯可制件数	1	每台件数	1	备注

工序号	工序名称	工序内容	车间	工段	设备	工艺装备	工时	
							准终	单件
10	备料	下料 $\phi60\text{mm}\times30\text{mm}$						
20	数控车削	粗车右端面、右端 $\phi36_{-0.039}^{0}\text{mm}$ 外圆、$3\text{mm}\times1.5\text{mm}$ 槽、$\phi38_{-0.062}^{0}\text{mm}-\phi45_{0}^{+0.062}\text{mm}$ 端面槽，留 1mm 加工余量			CAK6136	自定心卡盘		
30	数控车削	粗车左端面、左端 $\phi58_{-0.04}^{-0.01}\text{mm}$ 外圆、$\phi42_{0}^{+0.039}\text{mm}$、$\phi26_{0}^{+0.021}\text{mm}$ 内孔，留 1mm 加工余量			CAK6136	自定心卡盘		
40	热处理	调质 $32\sim36\text{HRC}$						
50	数控车削	精车右端面、右端 $\phi36_{-0.039}^{0}\text{mm}$ 外圆、$3\text{mm}\times1.5\text{mm}$ 槽、$\phi38_{-0.062}^{0}\text{mm}-\phi45_{0}^{+0.062}\text{mm}$ 端面槽至尺寸			CAK6136	自定心卡盘		
60	数控车削	精车左端面、左端 $\phi58_{-0.04}^{-0.01}\text{mm}$ 外圆、$\phi42_{0}^{+0.039}\text{mm}$ 至尺寸，半精车 $\phi26_{0}^{+0.021}\text{mm}$ 内孔，留 0.3mm 加工余量			CAK6136	自定心卡盘		
70	磨削	磨 $\phi26_{0}^{+0.021}\text{mm}$ 内孔至尺寸			MW1320	自定心卡盘		
80	钳工	锐边倒钝，去毛刺			钳台	台虎钳		
90	清洗	用清洁剂清洁零件						
100	检验	按图样尺寸检测						

描图　描校　底图

装订号

				设计（日期）	审核（日期）	标准化（日期）	会签（日期）	
标记	处数	更改文件号	签字	日期	标记	处数	更改文件号	签字	日期

项目1　项目2　项目3　附录

表 3-34 底板的机械加工工艺过程卡

机械加工工艺过程卡					产品型号			零件图号				
					产品名称			零件名称		底板	共 1 页	第 1 页
材料牌号	40Cr	毛坯种类	型材	毛坯外形尺寸	100mm×70mm×15mm	每件毛坯可制件数	1	每台件数		1	备注	

工序号	工序名称	工序内容	车间	工段	设备	工艺装备	工时准终	工时单件
10	备料	下料 100mm×70mm×15mm						10
20	数控铣削	粗铣底面			T-V856B	自定心卡盘		20
30	数控铣削	粗铣上表面、$\phi58_0^{+0.03}$ mm、$\phi52_0^{+0.046}$ mm 内孔、8mm 宽槽、64mm 外形与 C4 倒角,留 1mm 加工余量			T-V856B	自定心卡盘		30
40	数控铣削	粗铣底面外形、10mm 宽槽,留 1mm 加工余量			T-V856B	自定心卡盘		40
50		调质 32~36HRC						50
60	数控铣削	半精铣上表面,留 0.3 加工余量,精铣 $\phi58_0^{+0.03}$ mm、$\phi52_0^{+0.046}$ mm 内孔、8mm 宽槽、64mm 外形至尺寸			T-V856B	自定心卡盘		
70	数控铣削	半精铣底面,留 0.3 加工余量,精铣底面外形、10mm 宽槽至尺寸			T-V856B	自定心卡盘		60
80	磨削	磨上、下表面至尺寸			M7140			
90	钳工	锐边倒钝,去毛刺			钳台	台虎钳		
100	清洁	用清洁剂清洁零件						
100	检验	按图样尺寸检测						

（左侧栏标注：描图、描校、底图、装订号）

								设计（日期）	审核（日期）	标准化（日期）	会签（日期）
标记	处数	更改文件号	签字	日期	标记	处数	更改文件号	签字	日期		

附 录

附录 A 数控车铣加工职业技能等级要求（中级）

表 A–1 数控车铣加工职业技能等级要求（中级）

工作领域	工作任务	职业技能要求
1. 数控编程	1.1 车铣配合件加工工艺文件编制	1.1.1 能根据车铣配合件加工工作任务要求和机械加工过程卡，分析车铣配合件加工工艺，并能对车铣配合件加工工艺进行优化调整 1.1.2 能根据机械加工工艺规范及车铣配合件机械加工过程卡，根据现场提供的数控机床及工艺设备，完成车铣配合件数控加工工序卡的编制 1.1.3 能根据机械加工工艺规范及车铣配合件机械加工过程卡，根据现场提供的数控机床及工艺设备，完成车铣配合件刀具卡的编制 1.1.4 能根据车铣配合件 CAM 编程及数控机床调整情况，填写数控加工程序卡
	1.2 车削件数控编程	1.2.1 能根据车削件零件图，使用计算机和 CAD/CAM 软件，完成车削件的三维造型 1.2.2 能根据工作任务要求和数控编程手册，使用计算机和 CAD/CAM 软件，完成车削件 CAM 软件编程 1.2.3 能根据工作任务要求和数控编程手册，使用计算机和 CAD/CAM 软件，完成车削件加工仿真验证 1.2.4 能根据数控车系统说明书，选用后置处理器，生成数控加工程序
	1.3 铣削件数控编程	1.3.1 能根据零件图，使用计算机和 CAD/CAM 软件，完成铣削件的实体和曲面造型 1.3.2 能根据工作任务要求和数控编程手册，使用计算机和 CAD/CAM 软件，进行编程参数设置，生成曲线、平面轮廓、曲面轮廓、平面区域、曲面区域、三维曲面等刀具轨迹，完成铣削件 CAM 软件编程 1.3.3 能根据工作任务要求和数控编程手册，使用计算机和 CAD/CAM 软件，完成铣削件加工仿真验证，能进行程序代码检查、干涉检测、工时估算 1.3.4 能根据数控铣系统说明书，选用后置处理器，生成数控加工程序
2. 数控加工	2.1 车铣配合件加工准备	2.1.1 能根据机械制图国家标准及车铣配合件的零件图和装配图，完成车铣配合件装配工艺的分析 2.1.2 能根据加工工艺文件要求，完成刀具、量具和夹具的选用 2.1.3 能根据数控机床安全操作规程、车铣配合件的加工工艺要求，使用通用或专用夹具，完成工件的安装与夹紧 2.1.4 能根据数控机床操作手册，遵循数控机床安全操作规范，使用刀具安装工具，完成刀具的安装与调整

工作领域	工作任务	职业技能要求

2. 数控加工	2.2 车铣配合件加工	2.2.1 能根据生产管理制度及班组管理要求，执行机械加工的生产计划和工艺流程，协同合作完成生产任务，形成团队合作意识
		2.2.2 能根据车铣配合件的加工工艺文件和数控机床操作手册，完成数控机床工件坐标系的建立
		2.2.3 能根据数控机床操作手册和加工工艺文件要求，使用计算机通信传输程序的方法，完成数控加工程序的输入与编辑
		2.2.4 能根据车铣配合件的加工工艺文件及加工现场情况，完成刀具偏置参数、刀具补偿参数及刀具磨损参数设置
		2.2.5 能根据车铣配合件加工要求，使用数控机床完成零件的车铣配合加工，加工精度达到如下要求。
		1. 轴、套、盘类零件的数控加工：
		  （1）尺寸公差等级：IT7
		  （2）几何公差等级：IT7
		  （3）表面粗糙度：$Ra1.6\mu m$
		2. 普通三角螺纹的数控加工：
		  （1）尺寸公差等级：IT7
		  （2）表面粗糙度：$Ra1.6\mu m$
		3. 内径槽、外径槽和端面槽零件的数控加工：
		  （1）尺寸公差等级：IT7
		  （2）几何公差等级：IT7
		  （3）表面粗糙度：$Ra3.2\mu m$
		4. 平面、垂直面、斜面、阶梯面等零件的数控加工：
		  （1）尺寸公差等级：IT7
		  （2）几何公差等级：IT7
		  （3）表面粗糙度：$Ra3.2\mu m$
		5. 平面轮廓加工：
		  （1）尺寸公差等级：IT7
		  （2）几何公差等级：IT7
		  （3）表面粗糙度：$Ra1.6\mu m$
		6. 曲面加工：
		  （1）尺寸公差等级：IT9
		  （2）几何公差等级：IT9
		  （3）表面粗糙度：$Ra3.2\mu m$
		7. 孔系加工：
		  （1）尺寸公差等级：IT7
		  （2）几何公差等级：IT7
		  （3）表面粗糙度：$Ra3.2\mu m$
		2.2.6 能根据车铣配合件加工工艺文件要求，运用配合件关键尺寸精度控制方法，完成关键尺寸精度的加工控制

工作领域	工作任务	职业技能要求
2. 数控加工	2.3 零件加工精度检测与装配	2.3.1 能对游标卡尺、千分尺、百分表、千分表、万能角度尺等量具进行校正 2.3.2 能根据零件图、机械加工工艺文件要求，使用相应量具或量仪，完成车铣配合件加工精度的检测 2.3.3 能遵循机械零部件检验规范，完成机械加工零件自检表的填写，能正确分类存放和标识合格品和不合格品 2.3.4 能根据车铣配合件装配工艺要求，使用常用装配工具，完成车铣配合件的装配与调整
3. 数控机床维护	3.1 数控机床一级保养	3.1.1 能根据数控车床维护手册，使用相应的工具和方法，完成数控车床主轴、刀架、卡盘和尾座等机械部件的定期与不定期维护保养 3.1.2 能根据数控车床维护手册，使用相应的工具和方法，完成数控车床电气部件的定期与不定期维护保养 3.1.3 能根据数控车床维护手册，使用相应的工具和方法，完成数控车床液压气动系统的定期与不定期维护保养 3.1.4 能根据数控车床维护手册，使用相应的工具和方法，完成数控车床润滑系统的定期与不定期维护保养 3.1.5 能根据数控车床维护手册，使用相应的工具和方法，完成数控车床冷却系统的定期与不定期维护保养
	3.2 数控铣床一级保养	3.2.1 能根据数控铣床维护手册，使用相应的工具和方法，完成数控铣床主轴、工作台等机械部件的定期与不定期维护保养 3.2.2 能根据数控铣床维护手册，使用相应的工具和方法，完成数控铣床电气部件的定期与不定期维护保养 3.2.3 能根据数控铣床维护手册，使用相应的工具和方法，完成数控铣床液压气动系统的定期与不定期维护保养 3.2.4 能根据数控铣床维护手册，使用相应的工具和方法，完成数控铣床润滑系统的润滑油泵、分油器、油管等的定期与不定期维护保养 3.2.5 能根据数控铣床维护手册，使用相应的工具和方法，完成数控铣床冷却系统中冷却泵、出水管、回水管及喷嘴等的定期与不定期维护保养
	3.3 数控机床故障处理	3.3.1 能根据数控机床故障诊断理论，运用数控机床故障分析的基本方法，通过观察、监视机床实际动作现象，发现数控机床润滑方面的故障，完成润滑故障处理 3.3.2 能根据数控机床故障诊断理论，运用数控机床故障分析的基本方法，通过观察、监视机床实际动作，发现数控机床冷却方面的故障，完成冷却故障处理 3.3.3 能根据数控机床故障诊断理论，运用数控机床故障分析的基本方法，通过观察、监视机床实际动作，发现数控机床排屑方面的故障，完成切屑故障处理 3.3.4 能根据数控系统的提示，使用相应的工具和方法，完成数控车床润滑油过低、软限位超程、电气柜门未关、刀架电动机过载等一般故障处理 3.3.5 能根据数控系统的提示，使用相应的工具和方法，完成数控铣床的气压不足、G54 零点未设置、刀库清零、刀库电机过载、冷却电动机过载等一般故障处理

工作领域	工作任务	职业技能要求
4. 新技术应用	4.1 数控机床误差补偿	4.1.1 能根据数控系统使用说明书，使用自适应补偿功能，完成机床的热误差自适应补偿 4.1.2 能根据数控系统使用说明书，运用检测工具，完成热误差补偿之后的数控机床检测 4.1.3 能根据数控系统使用说明书，运用误差分析及补偿工具，完成机床直线度误差补偿 4.1.4 能根据数控系统使用说明书，运用误差分析及补偿工具，完成机床俯仰误差补偿
	4.2 数控机床远程运维服务	4.2.1 能根据数控机床远程运维操作手册，完成数控机床远程运维平台的连接 4.2.2 能根据数控机床远程运维操作手册，使用远程运维平台，完成数控机床设备工作状态、生产情况的远程监控 4.2.3 能根据数控机床远程运维操作手册，使用远程运维平台，完成数控机床工作效率的统计 4.2.4 能根据数控机床远程运维操作手册，使用远程运维平台，及时发现和处理报警信息
	4.3 智能制造工程实施	4.3.1 能根据企业智能制造工程实施具体案例，辨识离散型智能制造模式与流程型智能制造模式 4.3.2 能根据企业网络协同制造模式实施具体案例，能分析网络协同制造模式实施的2~3个要素条件 4.3.3 能根据企业大规模个性化定制模式实施具体案例，能分析大规模个性化定制模式实施的2~3个要素条件 4.3.4 能根据企业远程运维服务模式实施具体案例，能分析远程运维服务模式实施的2~3个要素条件

数控车铣加工职业技能等级
实操考核任务书
（中级）

考核场次＿＿＿＿＿＿＿＿＿＿＿

考核工位＿＿＿＿＿＿＿＿＿＿＿

准考证号＿＿＿＿＿＿＿＿＿＿＿

20　　年　　月　　日

一、考核要求

1）CAD/CAM 软件由考点提供，考生不得使用自带软件；考生根据清单自带刀具、夹具、量具、工具等，禁止使用清单中所列规格之外的刀具，否则考核师有权决定终止其参加本次考核。

2）考生考核场次和考核工位由考点统一安排抽取。

3）考核时间分为两个环节，即机床连续加工 210 min 和工艺编制与编程 60min，共计 270 min。

4）考生按规定时间到达指定地点，凭身份证和准考证进入考场。

5）考生考核前 15 min 进入考核工位，清点工具，确认现场条件无误；考核时间开始方可进行操作。考生迟到 15 min 按自行放弃考核处理。

6）考生不得携带通信工具和其他未经允许的资料、物品进入考核现场，不得中途退场。如果出现较严重的违规、违纪、舞弊等现象，则考核管理部门有权取消其考核成绩。

7）考生自备劳保防护用品（工作服、安全鞋、安全帽、防护镜等），考核时应按照专业安全操作要求穿戴个人劳保防护用品，并严格遵照操作规程进行考核，符合安全文明生产要求。

8）考生的着装及所带用具不得出现标识。

9）考核时间为连续进行，包括数控编程、零件加工、检测和清洁整理等时间；考生休息、饮食和如厕等时间都计算在考核时间内。

10）考核过程中，考生须严格遵守相关操作规程，确保设备及人身安全，并接受考核师的监督和警示；如果考生在考核中因违章操作而出现安全事故，则取消继续考核的资格，成绩记零分。

11）机床在工作中发生故障或产生不正常现象时应立即停机，保持现场状态，同时应立即报告当值考核师。如果因设备故障所造成的停机排故时间，考生应抓紧时间完成其他工作内容，现场考核师经请示核准后酌情补偿考核时间。

12）考生完成考核项目后，提请考核师到工位处检查确认并登记相关内容，考核终止时间由考核师记录，考生签字确认；考生结束考核后不得再进行任何操作。

13）考生不得擅自修改数控系统内的机床参数。

14）考核师在考核结束前 15 min 提醒考生剩余时间。当听到考核结束指令时，考生应立即停止操作，不得以任何理由拖延时间继续操作。离开考核场地时，不得将草稿纸等与考核有关的物品带离考核现场。

二、考核内容

考试现场操作的方式，完成以下考核任务：

1. 职业素养（8分）

2. 根据机械加工工艺过程卡，完成指定零件的机械加工工序卡、数控加工刀具卡、数控加工程序单的填写（12分）

3. 零件编程及加工（80分）

1）按照任务书要求，完成零件的加工（70分）。

2）根据自检表完成零件的部分尺寸自检（5分）。

3）按照任务书完成零件的装配（5分）。

零件图及装配图如图 B-1~图 B-3 所示。

三、考核提供的考件及标准件（见表 B-1）

表 B-1　考核提供的考件及标准件

序号	零件名称	材料	规格	数量	备注
1	零件1	45 钢或 2A12 铝	ϕ55mm×65mm	1	毛坯
2	零件3	45 钢或 2A12 铝	80mm×80mm×25mm	1	毛坯
3	深沟球轴承	轴承钢	型号：16004；外径：42mm；内径：20mm；厚度：8mm	1	标准件

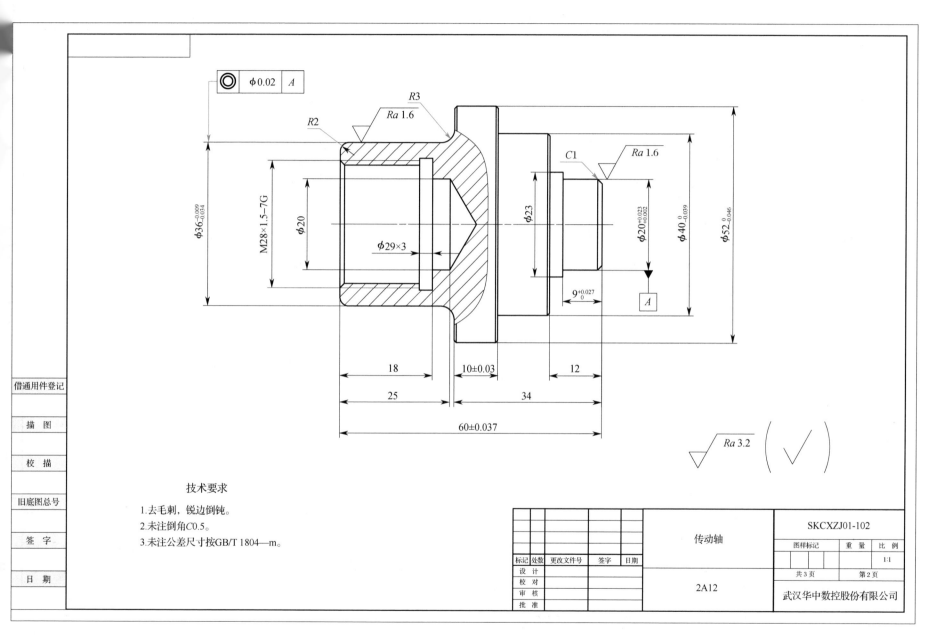

借通用件登记

描　图

校　描

旧底图总号

签　字

日　期

技术要求

1.去毛刺，锐边倒钝。

2.未注倒角C0.5。

3.未注公差尺寸按GB/T 1804—m。

						传动轴	SKCXZJ01-102		
							图样标记	重　量	比　例
									1:1
标记	处数	更改文件号	签字	日期			共3页	第2页	
设　计						2A12			
校　对							武汉华中数控股份有限公司		
审　核									
批　准									

图 B-1　传动轴零件图

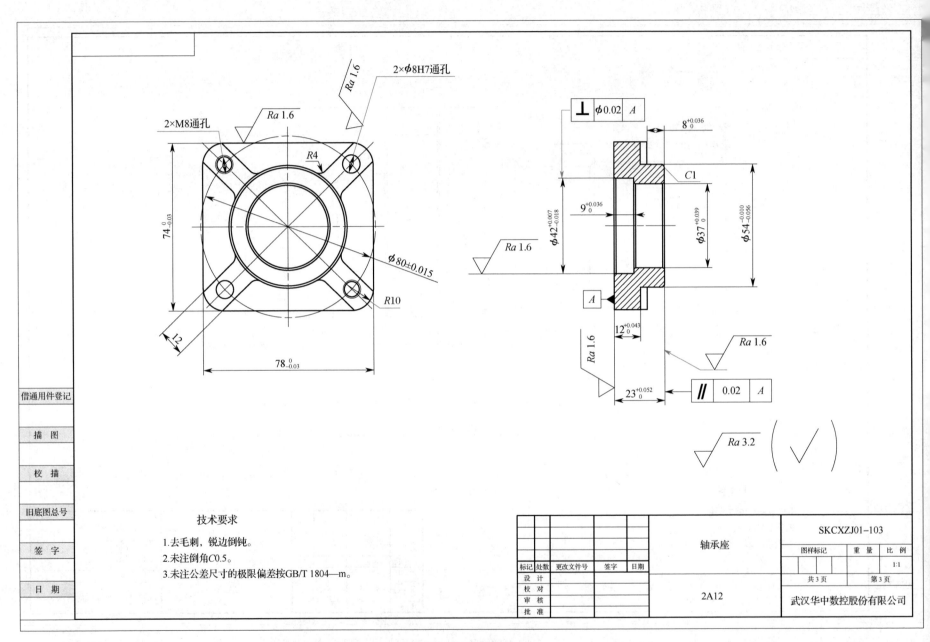

技术要求
1. 去毛刺，锐边倒钝。
2. 未注倒角C0.5。
3. 未注公差尺寸的极限偏差按GB/T 1804—m。

借通用件登记

描 图

校 描

旧底图总号

签 字

日 期

标记	处数	更改文件号	签字	日期				
设 计								
校 对								
审 核								
批 准								

轴承座

2A12

SKCXZJ01-103

图样标记	重 量	比 例
		1:1
共 3 页		第 3 页

武汉华中数控股份有限公司

图B-2 轴承座零件图

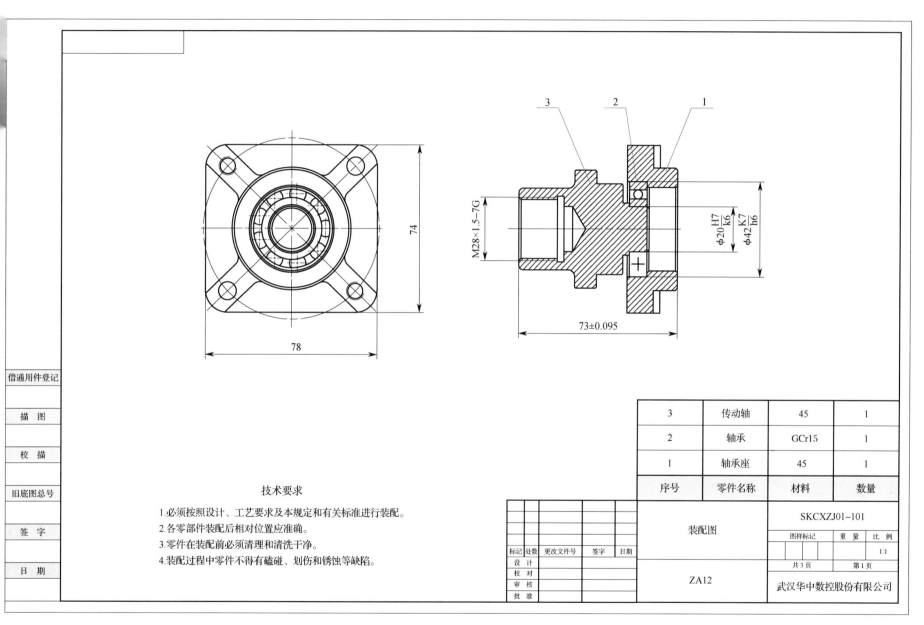

借通用件登记

描 图

校 描

旧底图总号

签 字

日 期

技术要求

1.必须按照设计、工艺要求及本规定和有关标准进行装配。
2.各零部件装配后相对位置应准确。
3.零件在装配前必须清理和清洗干净。
4.装配过程中零件不得有磕碰、划伤和锈蚀等缺陷。

3	传动轴	45	1
2	轴承	GCr15	1
1	轴承座	45	1
序号	零件名称	材料	数量

							装配图		SKCXZJ01-101		
								图样标记	重 量	比 例
										1:1
标记	处数	更改文件号	签字	日期				共3页		第1页
设 计							ZA12			
校 对								武汉华中数控股份有限公司		
审 核										
批 准										

图 B-3 传动轴与轴承座装配图

四、机械加工工艺过程卡（表 B - 2 和表 B - 3）

表 B - 2　传动轴机械加工工艺过程卡

零件名称	传动轴	机械加工工艺过程卡		毛坯种类	棒料	共 1 页
				材料	45 钢或 2A12 铝	第 1 页
工序号	工序名称	工序内容			设 备	工艺装备
10	备料	备料 ϕ55mm×65mm，材料为 45 钢或 2A12 铝				
20	数控车削	车削右端面，粗、精车右端 $\phi20^{+0.023}_{+0.002}$mm、ϕ23mm、$\phi40^{0}_{-0.039}$mm、$\phi52^{0}_{-0.046}$mm 外圆至图样要求及倒角			CAK6140	自定心卡盘
30	数控车削	车削左端面，保证总长为 60 ± 0.037mm，粗、精车左端 $\phi36^{-0.009}_{-0.034}$mm 外圆，R3mm 圆角，钻 ϕ20mm 底孔，车 ϕ29mm×3mm 退刀槽、车 M28×1.5 - 7G 内螺纹至图样要求及倒角			CAK6140	自定心卡盘
40	钳工	锐边倒钝，去毛刺			钳台	台虎钳
50	清洁	用清洁剂清洗零件				
60	检验	按图样尺寸检测				
70						
编制		日期		审核		日期

表 B-3 轴承座机械加工工艺过程卡

零件名称	轴承座	机械加工工艺过程卡	毛坯种类	方料	共 1 页
			材料	45 钢或 2A12 铝	第 1 页
工序号	工序名称	工序内容		设 备	工艺装备
10	备料	备料 80mm×80mm×25mm，材料为 45 钢或 2A12 铝			
20	数控铣削	粗、精铣工件反面平面、78mm×74mm×14mm 的外形、$\phi42^{+0.007}_{-0.018}$mm、$\phi37^{+0.039}_{0}$mm 内孔、钻 2 个 ϕ8mm 孔、2 个 M8 螺纹底孔 ϕ6.8mm 至图样要求和攻 M8 的螺纹孔及倒角		VMC850	机用平口钳
30	数控铣削	粗、精铣工件正面平面、$\phi54^{-0.010}_{-0.056}$mm 的圆台、12mm 宽斜十字至图样要求及倒角		VMC850	机用平口钳
40	钳工	锐边倒钝，去毛刺		钳台	台虎钳
50	清洁	用清洁剂清洁零件			
60	检验	按图样尺寸检测			
70					
编制		日期	审核		日期

项目 1

项目 2

项目 3

附录

五、机械加工工序卡（表 B-4）

表 B-4　机械加工工序卡（**XXXX 工序**）

零件名称		机械加工工序卡		工序号		工序名称		共　页
								第　页
材料		毛坯状态		机床设备		夹具		

工步号	工步内容	刀具规格	刀具材料	量具	背吃刀量/mm	进给量/(mm/min)	主轴转速/(r/min)
编制	日期		审核			日期	

六、数控加工刀具卡（表B-5）

表B-5　数控加工刀具卡（指定零件工序）

零件名称			数控加工刀具卡				工序号	20
工序名称			设备名称			设备型号		
工步号	刀具号	刀具名称	刀柄型号	刀具			补偿量/mm	备注
				直径/mm	刀长/mm	刀尖半径/mm		
编制		审核		批准			共　页	第　页

项目1

项目2

项目3

附录

七、数控加工程序单（表 B-6）

表 B-6　数控加工程序单（指定零件工序）

数控加工程序单		产品名称		零件名称		共　页
		工序号		工序名称		第　页
序号	程序编号	工序内容	刀具	吃刀量（相对最高点）/mm		备注

装夹示意图：

装夹说明：

编程/日期		审核/日期	

八、零件自检表（表 B-7）

表 B-7 零件自检表

零件名称		传动轴						允许读数误差		±0.007mm			
序号	项目	尺寸要求	使用的量具	测量结果				项目判定		考评员评价			
				No. 1	No. 2	No. 3	平均值						
1	外径	$\phi 20^{+0.023}_{+0.002}$mm						合　否					
2	外径	$\phi 36^{-0.009}_{-0.034}$mm						合　否					
3	长度	63 ± 0.037mm						合　否					
4								合　否					
结论（对上述三个测量尺寸进行评价）			合格品　　　　次品　　　　废品										
处理意见													

零件名称		轴承座						允许读数误差		±0.007mm			
序号	项目	尺寸要求	使用的量具	测量结果				项目判定		考评员评价			
				No. 1	No. 2	No. 3	平均值						
1	内孔	$\phi 42^{+0.007}_{-0.018}$mm						合　否					
2	长度	$78^{0}_{-0.03}$mm						合　否					
3	深度	$23^{+0.052}_{0}$mm						合　否					
4								合　否					
结论（对上述三个测量尺寸进行评价）			合格品　　　　次品　　　　废品										
处理意见													

考评员签字：　　　　　　　　考生签字：

附录 C 机床安全文明生产和操作规程

一、数控车床安全文明生产和操作规程

1. 安全操作基本注意事项

1）操作时请穿好工作服、安全鞋，戴好工作帽及防护镜，不允许戴手套操作机床。

2）禁止移动或损坏安装在机床上的警告标识。

3）禁止在机床周围放置障碍物，应确保工作空间应足够大。

4）某一项工作如果需要两人或多人共同完成时，则应注意相互间的协调一致。

5）不允许采用压缩空气清洗机床、电气柜及 NC 单元。

2. 操作前的安全准备工作

1）机床工作前要有预热，认真检查润滑系统工作是否正常，如果机床长时间未启动，则可先采用手动方式向各部分供油润滑。

2）使用的刀具应与机床允许的规格相符，有严重破损的刀具要及时更换。

3）调整刀具所用的工具不要遗忘在机床内。

4）确保加工大尺寸轴类零件的中心孔尺寸合适，如果中心孔太小，则在工作中易发生危险。

5）刀具安装好后应进行一至二次试切削。

6）检查卡盘夹紧工作的状态。

7）机床启动前，必须关好机床防护门。

3. 操作过程中的安全注意事项

1）禁止用手接触刀尖和切屑，切屑必须要用铁钩子或毛刷来清理。

2）禁止用手或其他任何方式接触正在旋转的主轴、工件或其他运动部位。

3）禁止加工过程中测量、变速，更不能用棉丝擦拭工件，也不能清扫机床。

4）车床运转中，操作者不得离开岗位，如果机床出现异常情况，则应立即停机。

5）经常检查轴承温度，过高时应找有关人员进行检查。

6）在加工过程中，不允许打开机床防护门。

7）严格遵守岗位责任制，机床由专人使用，他人使用须经本人同意。

8）工件伸出车床 100mm 以外时，须在伸出位置设防护物。

4. 操作完成后的注意事项

1）清除切屑、擦拭机床，使用机床与环境保持清洁状态。

2）注意检查或更换磨损了的机床导轨上的油擦板。

3）检查润滑油、切削液的状态，及时添加或更换。

4）依次关闭机床操作面板上的电源和总电源。

二、数控铣床安全文明生产和操作规程

1. 安全操作基本注意事项

1）操作时请穿好工作服，安全鞋，戴好工作帽及防护镜，不允许戴手套操作机床。

2）禁止移动或损坏安装在机床的警告标识。

3）禁止在机床周围放置障碍物，应确保工作空间应足够大。

4）某一项工作如果需要两人或多人共同完成时，则应注意相互的协调一致。

5）不允许用压缩空气清洗机床、电气柜及 NC 单元。

2. 操作前的安全准备工作

1）机床工作前要预热，应认真检查润滑系统工作是否正常，如果机床长时间未启动，则可先采用手动方式向各部分供油润滑。

2）使用的刀具应与机床允许的规格相符，有严重破损的刀具要及时更换。

3）调整刀具所用的工具不要遗忘在机床内。

4）刀具安装好后应进行一至二次试切削。

3. 操作过程中的安全注意事项

1）禁止用手接触刀尖和切屑，切屑必须要用铁钩子或毛刷来清理。

2）禁止用手或其他任何方式接触正在旋转的主轴、工件或其他运动部位。

3）禁止在加工过程中用棉纱擦拭工件，也不能清扫机床。

4）当数控铣床在运转时，操作者不得离开岗位，如果机床出现异常情，则应立即停机。

5）经常检查轴承温度，温度过高时应找有关人员进行检查。

6）在加工过程中，不允许打开机床防护门。

7）严格遵守岗位责任制，机床由专人使用，他人使用必须经本人同意。

4. 操作完成后的注意事项

1）清除切屑、擦拭机床，使机床与环境保持清洁状态。

2）检查润滑油、切削液的状态，应做到及时添加或更换。

3）依次关闭机床操作面板上的电源和总电源。